青海省科学技术学术著作出版资金出版

青藏高原雨季变化特征及归因研究

主编：申红艳

内 容 简 介

本书聚焦在气候变暖背景下，对青藏高原雨季变化的响应特征及归因等关键问题进行系统梳理，详细阐释了雨季起讫期、雨量异常及雨季期内极端降水等的变化特征，从大气内部变率、水汽输送和海温外强迫信号影响的角度揭示雨季来临早晚和雨季降水异常的关键因子和影响机制，为开展青藏高原前瞻性基础研究、引领性原创研究提供重要参考，同时为政府相关部门精准决策部署提供科学依据，对推进生态文明建设、应对气候变化及水资源安全保障具有一定科学价值和现实意义。本书有助于科学认识青藏高原敏感区气候变化特征，可供从事高原气候和气候变化的业务科研人员和大专院校相关专业的师生参考。

图书在版编目(CIP)数据

青藏高原雨季变化特征及归因研究 / 申红艳主编
. —北京：气象出版社，2021. 3
ISBN 978-7-5029-7262-2

Ⅰ. ①青… Ⅱ. ①申… Ⅲ. 青藏高原-雨季-季节变化-降水变化-研究 Ⅳ. ①P426. 61

中国版本图书馆 CIP 数据核字(2020)第 157100 号

青藏高原雨季变化特征及归因研究

Qingzang Gaoyuan Yuji Bianhua Tezheng ji Guiyin Yanjiu

出版发行：气象出版社
地　　址：北京市海淀区中关村南大街 46 号　**邮政编码**：100081
电　　话：010-68407112(总编室)　010-68408042(发行部)
网　　址：http://www.qxcbs.com　**E-mail**：qxcbs@cma.gov.cn
责任编辑：黄红丽　隋珂珂　**终　　审**：吴晓鹏
责任校对：张硕杰　**责任技编**：赵相宁
封面设计：地大彩印设计中心
印　　刷：北京建宏印刷有限公司
开　　本：710 mm×1000 mm　1/16　**印　　张**：8. 25
字　　数：162 千字
版　　次：2021 年 3 月第 1 版　**印　　次**：2021 年 3 月第 1 次印刷
定　　价：60. 00 元

编委会

主　编：申红艳

编写委员（按姓氏拼音排列）：

白文蓉　陈丽娟　段丽君
冯晓莉　高晓清　龚志强
李红梅　马有绚　汪青春
温婷婷　许学莲　余　迪

前言

降水作为影响高原地区自然生态系统最活跃、最直接的气候因子，对生态环境具有显著影响，降水异常往往在很大程度上制约着生态环境的发展。高原降水对境内草地、森林、湿地生态系统、区域水分平衡和水资源及利用等方面具有十分重要的影响。高原降水主要集中在雨季(5—9月)，占全年总降水量80%以上。高原雨季也是全年中气温高、湿度大、风速小的时段，是农作物、牧草等生长发育的最佳时期，因而雨季是一年中高原地区非常重要的阶段，关注高原雨季是研究高原气候的一项重要内容。与此同时，由于高原地处干旱半干旱地带，高原雨季起讫期对农牧业生产，如春播秋收、种植结构调整，水资源调控管理，防旱抗旱等应对气候变化方面的工作具有现实的指导意义。

在全球气候变暖背景下，对气候变化的研究已是国内外科研攻关的重点和热点科学问题。青藏高原作为全球气候变化的启动区和敏感区，具有独特的气候特征。近年来高原气候条件发生了显著的变化，并且气候变化所带来的各类影响日益凸显。为及时科学认识气候变暖背景下青藏高原气候变化的典型新特征及气候异常触发机制，以合理利用高原气候资源，趋利避害，提高应对气候变化的能力，为青海高原生态文明建设提供科技支撑，编者在从事高原气候变化、气候诊断等研究的基础上，编写了《青藏高原雨季变化特征及归因研究》一书。

本书内容综合分析了气候变暖背景下高原雨季变化的最新特征，包括雨季来临早晚、雨季极端降水及雨季降水异常等典型特征，在此基础上，进一步揭示引起雨季来临早晚和雨季降水异常的大气内部变率异常、水汽输送以及外源强迫信号的影响。并重点探讨了大气遥相关、南亚高压、西风急流等关键环流系统对高原雨季的内在影响机制。紧密围绕生态文明建设和国家防灾减灾需求，为青藏高原地区开展暖湿季节气候预测业务科研提供科学参考依据。

本书共分为5章。各章编写人员如下：第1章绪论，由申红艳编写；第2章青藏高原雨季起讫期划分及变化特征，由冯晓莉、李红梅、余迪、汪青春、申红艳、许学莲编写；第3章高原雨季变化的大气环流特征，由温婷婷、申红艳、马有绚、龚志强、段丽君编写；第 4 章高原东北部主雨季降水异常成因，由申红艳、陈丽娟、高晓清编写；第 5 章海温对高原雨季降水的影响，由白文蓉、申红艳编写。全书由冯晓莉、余迪、许学莲负责统稿。

本书出版得到青海省科学技术学术著作出版资金、中国科学院寒旱区陆面过程与气候变化重点实验室开放基金（LPCC2019009）、青海省科技厅基础研究项目（2021-ZJ-757）、中国气象局气候变化专项（CCSF201929）和国家自然科学基金项目（42065003）共同资助。

由于作者水平有限，书中难免有不妥之处，希望读者批评指正。

申红艳

2020 年 6 月

目录

第1章 绪论

青藏高原(简称高原)平均海拔超过4000 m,约占对流层厚度的四分之一,从喜马拉雅山南侧的常绿林到北部的荒漠草原、高山冰雪带,地形地貌复杂,自然带垂直差异显著,植被分布不均匀、种类繁多,境内湖泊面积和冰川储存分别占中国总量的52%和80%,素有“世界屋脊”和“亚洲水塔”之称。高原特殊的下垫面特征,使其成为气候变化的敏感区和生态环境脆弱区(冯松等,1998;樊红芳,2008;陆龙骅等,2011)。尤其近些年来,在气候增暖背景下,重大气象灾害、极端气候事件频发,加之人类活动的影响,给高原地区生态环境造成很大破坏,以致该地区生态环境异常脆弱,曾一度出现草地退化、土地沙漠化、水土流失、湖泊萎缩及湿地退化等生态环境恶化的现象(樊杰,2015),给生态保护和建设带来很大压力。降水作为影响高原地区自然生态系统最活跃、最直接的气候因子,对生态环境具有显著影响,降水异常往往极大程度制约着生态环境的发展,高原降水对境内草地、森林、湿地生态系统、区域水分平衡和水资源利用等方面具有十分重要的影响。

高原旱季、雨季分明,降雨主要集中在5—9月,占全年总雨量80%以上,尤其在高原腹地雅鲁藏布江流域甚至可达90%以上(李生辰等,2007);高原雨季也是全年中气温高、湿度大、风速小的时段,是农作物、牧草等生长发育的最佳时期,因而雨季是一年中高原地区非常重要的阶段,关注高原雨季是研究高原气候的一项重要内容。与此同时,由于高原地处干旱半干旱地带,高原雨季起讫期对农牧业生产,如春播秋收、种植结构调整、水资源调控管理、防旱抗旱等应对气候变化方面的工作具有现实的指导意义;雨季持续时间和雨量强弱直接关系高原地区的旱涝异常,对高原自然生态系统、水资源及三江源区、祁连山区、环青海湖等国家重点“生态功能区”和“丝绸之路”经济带上的区域生态环境等方面具有很重要的影响。因而,研究增暖背景下高原雨季特征及形成机制可为应对气候变化、保障高原生态安全提供科学的参考依据,使气象工作切实服务造福于社会,是一项颇具意义的工作。

值得注意的是,目前我国雨季方面的研究主要集中于东部地区,如华南前汛(夏)雨季、长江梅雨、华北雨季、东北雨季及西南雨季,气象学者针对上述雨季的阶段性特征、影响及其形成机制从不同角度开展了大量深入研究,其成果对提升我国气候预测水平和防灾减灾能力作出了积极贡献。高原雨季在20世纪80年代就已引起人们的注意,徐国昌和李梅芳(1982)研究指出,高原是我国雨季最显著的地区。章凝丹和姚辉(1984)基于1951—1970年降水资料,分析发现高原雨季是自东南至西北开始,结束正好与此相反,因而雨季具有西部短、东部长的特点,且高原雨季年际变化很大。作为高原水资源和水分循环的重要纽带,高原降水近些年来得到广泛关注。缪启龙等(2007)分析得出高原地区1961—2000年降水呈增加趋势,在1978年由少雨期转为多雨期,且高原南区降水量增加明显,而北区变化较小;高原降水在全年分配上呈单峰型和双峰型,喜马拉雅山脉南麓和雅鲁藏布江下游河谷地区呈双峰型,其余各地均为单峰型。You等(2015)通过对比多套观测资料发现,高原东部和中部地区年降水过去40 a呈增加趋势,西部地区减少。Gao等(2014)研究高原水汽通量,指出动力作用在水汽收支中发挥重要的作用,1979—2011年高原地区处于湿润期,但因地形复杂其空间变率较大,进一步分析发现,高原东北部和东南部降水反向偶极型分布与北大西洋涛动(NAO)具有紧密联系。南亚夏季风通过南边界向高原输送水汽,对高原东南部的降水具有决定性作用。Schiemann等(2008)研究指出,西风急流位置偏北与高原4月降水偏少有紧密联系。Lin和Lu(2005)发现中纬度西风带与南亚夏季风对高原水汽输送具有相反的作用。在全球变暖的背景下,印度洋也发生着显著变化,赤道印度洋自20世纪50年代以来呈增暖趋势,至20世纪末增加0.5 ℃(Hu和Duan,2015)。通过印度尼西亚(简称印尼)翻转流使太平洋至印度洋的热量输送增强,印度洋热容量在过去10 a间急剧增加。印度洋海盆模(IOBM)作为"电容器"可通过充放电效应对大气产生影响,IOBM正位相时夏季风增强,有利于南亚地区水汽辐合加强和降水增加。作为海陆热力差异的重要因子,季风爆发是海陆热力差异使温度经向梯度变化而引起,印度洋海温在南亚夏季风的爆发与推进过程中起到重要的作用。南亚季风爆发早晚直接控制南亚地区降水量及降水形态。Cherchi等(2007)研究发现,季风系统在印度洋海温和高原降水间发挥着桥梁作用。总结以往研究,高原降水主要由三方面因素影响:地形、水汽输送和周边的气候系统。然而对高原雨季方面的研究鲜少涉及,青藏高原位于南亚季风区北部,因而南亚夏季风的爆发与强度对高原雨季降水的影响不可忽视,印度洋海温、南亚夏季风和高原雨季的相互关系需要进一步探讨。

有关高原降水方面的研究多针对汛期、四季或年降水展开,对于高原整个雨季降水的探讨尚不多见,在全球气候增暖的背景下,作为气候变化响应敏感的高原地区,雨季变化有哪些新的响应特征?雨季开始期与南亚夏季风的爆发是否存在联系?南亚季风进程对高原雨季开始、峰值期、结束、雨量强弱的具体影响如何?印度洋海温作为影响南亚季风的重要因子，它和高原降水在年际尺度上是否存在一定联系？此外，东亚高空急流是影响东亚天气气候的重要环流系统，其显著的季节变化特征（北进和南退）是东亚大气环流季节转换的标志，从冬至夏的转换过程中，急流存在两次明显的北跳过程，和亚洲大陆南部对流层中上层经向温度梯度的两次逆转有关（李崇银等，2004），急流位置的这种阶段性变化对高原雨季开始、中断、发展及结束有何影响？以上问题均值得进一步展开研究。

第2章　青藏高原雨季起讫期划分及变化特征

雨季起讫是高原季节转换的主要特征之一，对雨季进行合理划分是了解雨季变化特征的基础。早期多采用定性分析方法，或根据雨量和雨带位置等要素对雨季起讫期进行主观判断，亦或将某几个月划定为雨季，这样的做法带有一定的主观性，各地降雨期不尽相同，因此不能确切反映不同区域雨季特点。近年来，客观精细化的雨季划分方法不断发展，总结大致有4类：第1类是对全国或局部降水量进行经验正交函数分解，划分主要雨型，但受资料时段长度的限制，且多采用月以上时间尺度的平均，时间分辨率不足且不能反映雨带的进退特征；第2类为指标站法，能更为精确地反映区域气候，采用单站逐日降水量或降水相对系数确定雨季，显著提高时间分辨率，但相邻测站雨季起止日期可能存在很大差别。黎清才等(2003)采用副热带高压位置、南支槽建立时间、冷空气影响程度、降水过程等标准，开展了山东省雨季开始标准的研究；第3类是按照候雨量对雨季进行定量化划分，如Lau等(1988)将5 mm气候平均候雨量定义为东亚季风雨季的起止标准；王遵娅和丁一汇(2008)用标准化的气候平均候雨量对中国雨季进行划分，客观揭示出中国雨季的推进过程；晏红明等(2013)研究认为，西南区域雨季开始和结束日期划分，以全年72候平均雨量为标准来界定西南雨季开始和结束日期的雨量标准是比较合理的，在西南地区得到广泛应用；第4类为数理方法，如黄琰等(2014)利用有序样本最优分割法对中国台站候降水序列进行有序分割，给出不同区域的雨量定量划分结果，具有明确的气象意义。不断发展的划分方法，使结果能客观反映雨季变化特征及区域性差异，为研究不同区域雨季变化奠定了良好的基础。以往有关青藏高原地区的雨季开始和结束日期确定方法多采用指标站法，徐国昌和李梅芳(1982)曾采用降水相对系数进行划分，旬、候降水相对系数大于2的时期作为雨季(某旬降水相对系数＝累年平均某旬降水量/累年平均降水量)。注意到20世纪80年代各省大都以降水相对系数C作为划分雨季的标准，但所用具体数值是不同的。如甘肃省气象台采用$C>2.0$，青海省气象局采用$C>1.5$，四川甘孜气象台采用$C>1.0$，云南省气象局采用$C>0.75$等。这些标准的确定一方面具有一定主观性，会造成在边界附近雨季起讫日期的不连续；另外是在过去的气候背景下所确定的指标，近些年高原地区暖湿化明显加剧，以往指标的适用性需要进一步考察，因此有必要采用气候增暖背景下适用于高原地区的雨季划分标准，对高原雨季起讫特征进行分析。

2.1　高原雨季划分方法

利用高原地区 1981—2010 年 109 个站点的逐日降水观测资料，针对高原雨季起讫期，采用客观分析方法——有序样本最优分割法，对历史时期雨季起讫期进行划分。由于高原地区全年干、湿季分明，雨季的开始(结束)标志着高原气候从干(湿)季向湿(干)季的过渡，意味着从一种气候平稳态向另一种气候平稳态的转折，因而采用气候突变检验方法对有序样本最优分割法划分结果进行验证确定出历史时期高原雨季起讫期。

有序样本最优分割法是一种针对有序样本进行的聚类分析方法，在其聚类过程中数据的顺序不能被破坏，因此该法不采用一般聚类方法的相似性指标，而是采用描述数据内部不整齐程度的度量指标进行聚类(分割)。其聚类的目标为：分割后各分割段内数据尽可能均匀、波动小，而段间差别要大，使分割意义明显。对序列长度为 n 的数据有从 2～n-1 种分割方案。充分考虑分段后段内波动小而段间差异大这两个条件，将分割后每一段看成一组，将组间(方)差和组内(方)差之比 F_k 作为衡量分割方案的合理性指数，通过求算最大 F_k 值来确定数据的最合理分割数(张强，1977)。

$$F_k = \frac{f_1}{f_2} = \frac{\sum_{i=1}^{k} n_i (\overline{x_i} - \overline{x})^2 / (k-1)}{v^*(k)/(n-k)} \tag{2.1}$$

式中，F_k 为对序列进行分割时的组间(方)差和组内(方)差之比，$\overline{x_i}$ 为第 i 个分割段(组)的数据平均值，$\overline{x}$ 为序列平均值，$v^*(k)$ 为对序列进行分割时的最小变差总和，F_k 越大，反映组间差 f_1 越大、组内差 f_2 越小，分段(组)的统计意义越明显。当 F_k 达最大值时则认为其所对应的分割数 k 为最合理分割数，此时用最优分割法对序列进行的最优 k 分割能满足 f_1 尽可能大(段/组间差异大)、f_2 尽可能小(段/组内波动小)的条件。

对于高原雨季起讫期的判断以候为时间尺度，首先统计各站历史候雨量，利用候雨量稳定通过(小于)临界阈值的方法，初步确定各站雨季起讫候，然后以有序样本最优分割法确定的雨季起讫期作为参考，针对不同分区，通过不断试验筛选合适参数：候雨量临界阈值、滑动候数量、候内连续日数、区域内满足条件的测站空间占取比例，将候雨量稳定通过临界阈值的对应候内连续降雨的首日确定为开始日，区域内一定比例的测站满足以上条件，则确定该日为高原雨季开始期；此后若候雨量稳定小于临界阈值，将首个无雨日定为结束日。在以上工作基础上，以候为时间尺度，基于候雨量进一步探讨雨季起讫期的实时监测指标，首先统计各站历史候雨量，利用候雨量稳定通过(小于)临界阈值的方法，以有序样本最优分割法确定的雨季起讫期作为参考，针对不同分区，通过不断试验筛选合适参数：候雨量临界阈值、滑动候数量、候内连续日数、区域内满足条件的测站空间占取比例，将候雨量稳定通过临界阈值的对应候内连续降雨的首日确定为开始日，此后若候雨量稳定小于临界阈值，将首个无雨日定为结束日，再根据空间占比确定出雨季结束期。

对于单站每年雨季开始、结束日的判断，采用 5 日滑动总雨量值，将 5 日滑动总雨量值大于雨季开始期突变候雨量值阈值，且 5 日中降水量最大的日即为雨季开始日，所在候即为雨季开始候。全年最后一个 5 日滑动总雨量值大于雨季结束期突变候雨量值阈值，且 5 日中降水量最大日的次日作为雨季结束日，所在候即为雨季结束候。同时约定，雨季开始日之后，雨季结束日之前不能有连续 5 日滑动总雨量小于雨季开始、结束突变候候雨量值，以消除个别大降水日影响。根据高原降水特点，在此规定，雨季开始期的判断从 4 月 1 日(19 候)开始，雨季结束期从 8 月 21 日开始判断。

2.2 高原雨季起讫期划分结果分析

图 2.1 给出青藏高原 4 省区代表点候平均降水量序列滑动 t 检验 t 值图，春季降水量由少到多的转换期，甘肃合作、四川康定、青海玛多、西藏当雄候降水量序列突变候 10 候滑动 t 检验最小 t 值，分别出现在第 26 候、第 23 候、第 27 候、第 31 候；秋季降水量由多到少的突变候 10 候滑动 t 检验最大 t 值，甘肃合作、四川康定、青海玛多、西藏当雄，分别出现在第 56 候、第 57 候、第 55 候、第 54 候。各站候降水量序列最大突变候 10 候滑动 t 检验值绝对值均在 7.83 以上，达到信度 0.001($t>t_a=3.55$)的统计检验标准，说明全年降水量由少转多和由多转少期，降水量的变化存在明显的突变现象。

表 2.1 为青藏高原 4 省区代表站不同标准下雨季开始、结束期。按 72 候雨量(简称 72R)、36 候雨量(简称 36R)和突变候候雨量方法进行雨季开始、结束期对比分析。雨季开始期：以 72R 为标准，则甘肃合作平均雨季开始期为第 22 候(4 月第 4 候)，四川康定平均雨季开始期为第 23 候(4 月第 5 候)，青海玛多为第 29 候(5 月第 5 候)，西藏当雄为第 27 候(5 月第 3 候)；以 36R 为标准，则西藏当雄、甘肃合作平均雨季开始期为第 30 候(5 月第 6 候)，四川康定平均雨季开始期为第 29 候(5 月第 5

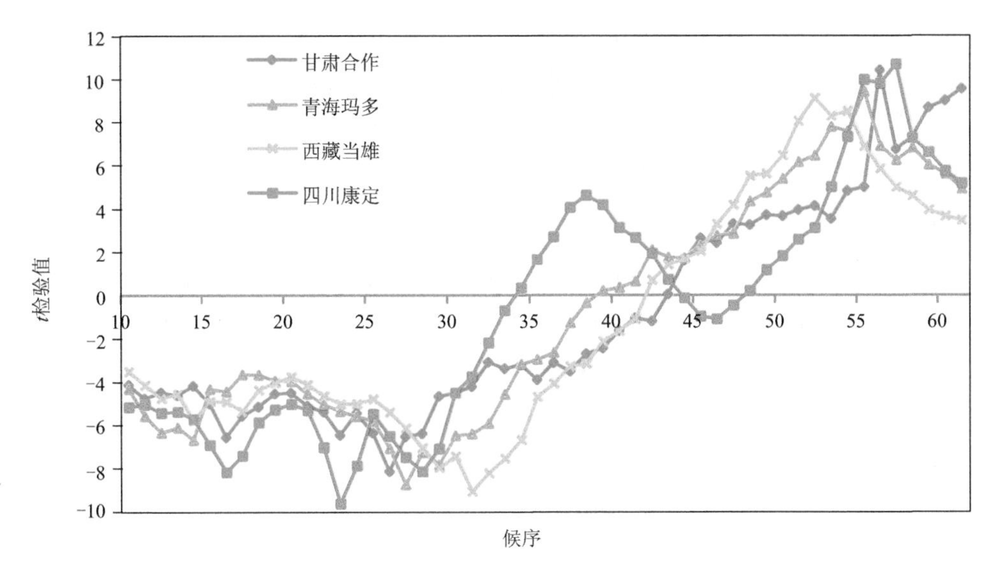

图 2.1　青藏高原代表点候平均降水量序列突变检验 t 值图

候)，青海玛多为第 34 候(6 月第 4 候)；以候降水量的突变性检验为标准，则四川康定为第 23 候(4 月第 6 候)，甘肃合作平均雨季开始期为第 26 候(5 月第 2 候)，青海玛多为 27 候(5 月第 3 候)，西藏当雄平均雨季开始期为第 31 候(6 月第 1 候)。

表 2.1　青藏高原 4 省区代表点不同标准下雨季开始、结束期(候)

标准		甘肃合作		四川康定		青海玛多		西藏当雄	
		降水阈值	出现候	降水阈值	出现候	降水阈值	出现候	降水阈值	出现候
雨季开始期	最优分割	13.6	28	20.3	25	6.2	28	11.6	30
	72R	7.6	22	11.6	23	4.5	29	6.6	27
	36R	13.1	30	19.5	29	7.9	34	12.3	30
	突变候	10.7	26	16.0	23	4.8	27	9.8	31
	检验 t 值	−8.17		−9.656		−7.83		−8.58	
雨季终止期	最优分割	9.5	58	8.4	55	6.7	53	9.5	53
	72R	7.6	57	11.6	54	4.5	51	6.6	51
	36R	13.1	52	19.5	56	7.9	54	12.3	54
	突变候	9.0	56	7.2	57	3.9	55	9.8	54
	检验 t 值	10.39		10.69		9.43		9.11	

雨季结束期：以 72R 为标准，则青海玛多、西藏当雄平均雨季结束期为第 51 候(9 月第 3 候)，四川康定平均雨季结束期为第 54 候(9 月第 6 候)，甘肃合作为第 57 候(10 月第 3 候)；以 36R 为标准，则甘肃合作平均雨季结束期为第 52 候(9 月第 4 候)，

青海玛多、西藏当雄平均雨季结束期均为第 54 候(9 月第 6 候),四川康定平均雨季结束期为第 56 候(10 月第 2 候);以候降水量的突变性检验为标准,则甘肃合作雨季结束期为第 56 候(10 月第 2 候),四川康定平均雨季结束期为第 57 候(10 月第 3 候),青海玛多雨季结束期为第 55 候(9 月第 1 候),西藏当雄为第 54 候(9 月第 6 候)。

根据 1981—2010 年 30 a 气候态平均候降水量序列进行有序样本最优分割法和突变检验法得到的雨季开始期基本居于 72R、36R 候雨量法开始候之间,结束期与 36R 候雨量法结果较一致。72R 法由于候雨量阈值偏小雨季开始期偏早、雨季结束期偏晚,而 36R 候雨量阈值偏大雨季开始期偏晚、雨季结束期偏早。从图 2.2 明显看出,在 72R 和 36R 之间,季节转换期间候雨量由少到多、由多到少的趋势性变化十分明显。比较结果表明,候平均降水量滑动 t 检验方法也能客观、准确地判定雨季的开始期和结束期。

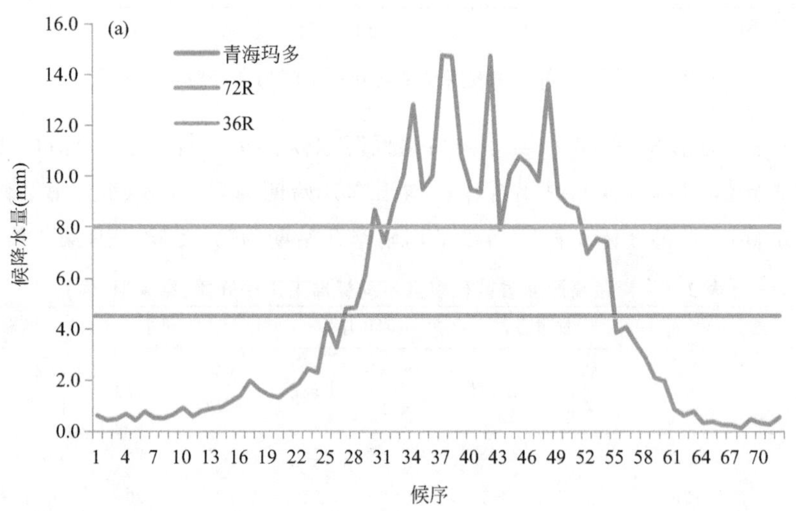

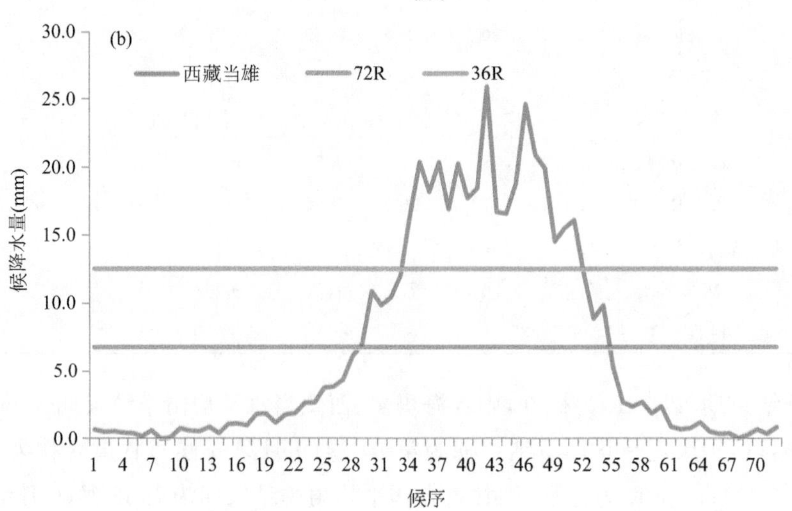

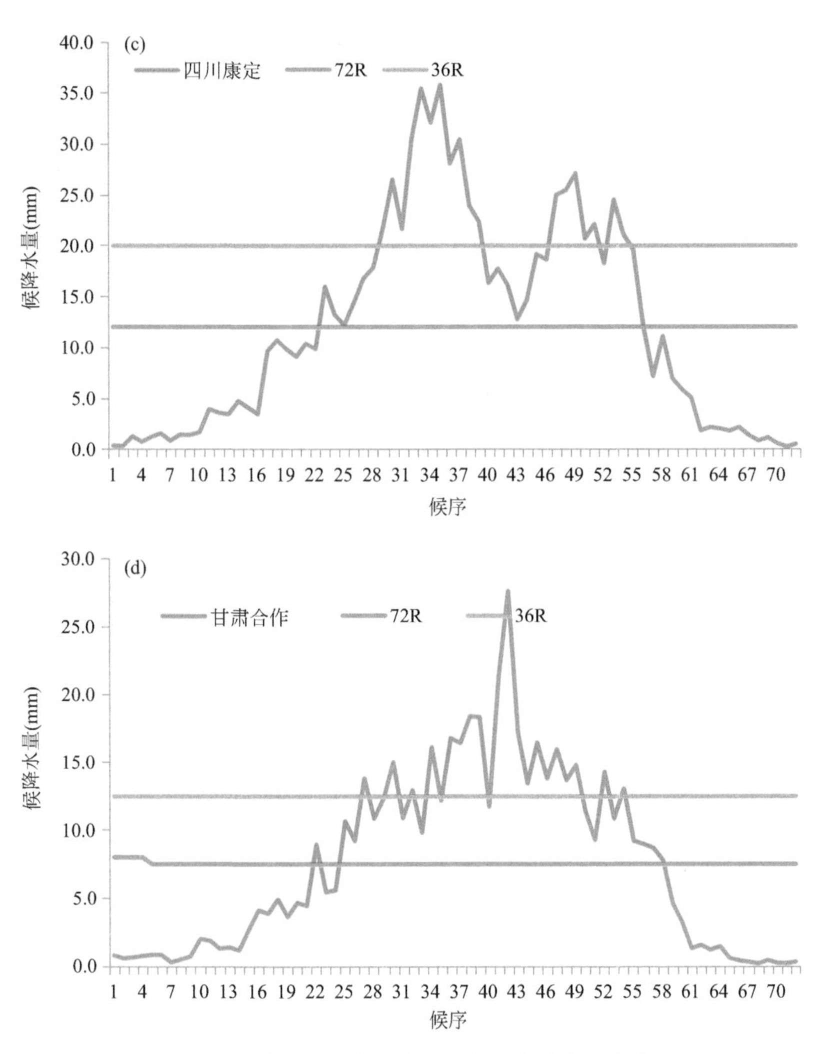

图 2.2　青藏高原 4 省区代表站候平均降水量变化图

(a)青海玛多;(b)西藏当雄;(c)四川康定;(d)甘肃合作

表 2.2 列出了青藏高原 111 站 1988—2017 年 30 a 平均候降水量序列通过 10 候滑动 t 检验,得到的雨季开始、降水期(候)及降水阈值。可以看出,候平均降水量序列 10 候滑动 t 检验法得到的雨季开始和结束期的候雨量并不相同,多数站点雨季开始期候雨量大于结束期候雨量,原因是秋季降水日数明显多于春季,虽然秋季日均降水量较少,但雨季并没有结束,雨季结束期的突变点滞后,因此也是合理的。

表 2.2 青藏高原雨季开始、结束期(候)、候降水阈值及气候变化特征表

序号	区站号	省份	地名	雨季开始期				雨季结束期			
				趋势系数 R 值	气候倾向率(d/10 a)	开始候	降水阈值(mm)	趋势系数 R 值	气候倾向率(d/10 a)	结束候	降水阈值(mm)
1	51701	新疆	吐尔尕特	−0.15	−2	20	5.3	0.27	4	58	2.8
2	51804	新疆	塔什库尔干	−0.03	−1	25	1.3	0.06	1	53	0.7
3	51886	青海	茫崖	−0.04	−1	30	2.0	0.13	2	50	0.6
4	52602	青海	冷湖	−0.08	−2	33	0.8	0.10	2	49	0.3
5	52633	青海	托勒	0.08	1	28	5.5	−0.05	−1	52	4.4
6	52645	青海	野牛沟	−0.08	−1	30	10.0	0.02	0	53	6.5
7	52657	青海	祁连	−0.26	−3	27	8.2	−0.03	0	53	7.4
8	52707	青海	小灶火	0.10	2	31	0.9	0.00	0	53	0.2
9	52713	青海	大柴旦	−0.14	−3	28	1.9	0.03	1	52	1.1
10	52737	青海	德令哈	−0.32	−6	26	2.4	0.12	2	55	1.3
11	52745	青海	天峻	−0.13	−1	27	7.2	−0.14	−1	53	4.6
12	52754	青海	刚察	0.14	1	29	10.3	0.14	1	55	4.3
13	52765	青海	门源	−0.12	−2	25	8.7	0.08	1	55	7.5
14	52787	甘肃	乌鞘岭	−0.14	−2	29	9.1	0.25	2	55	6.6
15	52818	青海	格尔木	−0.21	−4	29	0.5	0.09	2	55	0.4
16	52825	青海	诺木洪	−0.04	−1	31	1.5	−0.09	−2	50	0.7
17	52833	青海	乌兰	−0.09	−1	27	5.5	0.01	0	53	2.4
18	52836	青海	都兰	−0.20	−3	24	1.9	−0.06	−1	55	1.3
19	52842	青海	茶卡	−0.16	−2	27	4.6	0.07	1	53	3.2
20	52853	青海	海晏	−0.26	−3	27	7.7	0.06	0	55	4.6

续表

序号	区站号	省份	地名	雨季开始期				雨季结束期			
				趋势系数 R 值	气候倾向率(d/10 a)	开始候	降水阈值(mm)	趋势系数 R 值	气候倾向率(d/10 a)	结束候	降水阈值(mm)
21	52855	青海	湟源	−0.28	−4	26	7.0	−0.05	−1	55	5.8
22	52856	青海	共和	−0.16	−2	27	6.5	−0.18	−2	54	5.9
23	52862	青海	大通	−0.05	0	26	10.1	0.13	1	56	7.2
24	52863	青海	互助	0.10	1	26	8.3	−0.09	−1	56	7.3
25	52866	青海	西宁	−0.14	−2	26	7.0	0.10	1	56	5.4
26	52868	青海	贵德	−0.19	−3	26	4.1	−0.05	0	56	3.3
27	52869	青海	湟中	−0.11	−1	25	8.9	0.03	0	57	6.0
28	52874	青海	乐都	−0.10	−2	28	6.4	0.02	0	55	4.0
29	52875	青海	海东	−0.08	−1	27	6.3	0.02	0	56	5.3
30	52876	青海	民和	−0.01	0	26	5.0	−0.02	0	57	3.9
31	52877	青海	化隆	0.08	1	26	7.7	−0.02	0	55	5.4
32	52908	青海	伍道梁	−0.42	−4	29	5.3	0.17	1	53	7.0
33	52943	青海	兴海	−0.07	−1	27	8.5	−0.07	0	54	7.6
34	52955	青海	贵南	−0.24	−3	25	6.5	0.04	0	55	5.2
35	52957	青海	同德	−0.07	−1	26	7.5	−0.09	−1	55	5.5
36	52963	青海	尖扎	−0.11	−2	27	7.7	−0.01	0	55	4.7
37	52968	青海	泽库	−0.22	−2	27	10.9	−0.02	0	55	7.3
38	52972	青海	循化	−0.09	−1	28	4.1	0.12	1	55	3.6
39	52974	青海	同仁	−0.20	−2	25	7.4	−0.06	−1	56	5.4
40	55228	西藏	狮泉河	−0.13	−3	35	0.5	−0.25	−4	50	1.7

续表

序号	区站号	省份	地名	雨季开始期				雨季结束期			
				趋势系数 R 值	气候倾向率(d/10 a)	开始候	降水阈值(mm)	趋势系数 R 值	气候倾向率(d/10 a)	结束候	降水阈值(mm)
41	55248	西藏	改则	−0.09	−1	35	2.8	0.12	1	52	2.7
42	55279	西藏	班嘎	−0.29	−3	31	5.0	−0.07	−1	54	5.2
43	55294	西藏	安多	−0.33	−3	31	7.1	0.08	1	54	5.3
44	55299	西藏	那曲	−0.50	−5	30	15.5	0.07	1	55	6.8
45	55437	西藏	普兰	0.22	4	20	3.5	0.01	0	55	0.7
46	55472	西藏	申扎	−0.36	−4	32	5.3	0.08	1	53	5.7
47	55493	西藏	当雄	−0.21	−2	31	9.8	0.01	0	54	9.8
48	55569	西藏	拉孜	−0.03	0	34	8.5	0.05	0	51	7.1
49	55572	西藏	南木林	−0.31	−3	33	8.4	0.02	0	52	11.7
50	55578	西藏	日喀则	−0.09	−1	34	12.8	0.00	0	51	10.0
51	55585	西藏	尼木	−0.15	−2	32	6.7	0.00	0	53	5.0
52	55589	西藏	贡噶	−0.05	−1	33	3.5	0.05	0	53	5.7
53	55591	西藏	拉萨	−0.19	−2	32	11.3	−0.12	−1	52	9.9
54	55593	西藏	墨竹工卡	−0.18	−2	31	9.6	−0.03	0	53	10.8
55	55598	西藏	山南	−0.07	−1	31	4.5	−0.01	0	53	6.6
56	55655	西藏	聂拉木	−0.02	0	16	9.7	−0.07	−1	58	9.3
57	55664	西藏	定日	−0.15	−1	36	7.7	0.05	0	51	4.4
58	55680	西藏	江孜	−0.01	0	33	4.1	−0.19	−2	52	5.5
59	55681	西藏	浪卡子	−0.25	−3	32	6.1	0.13	1	53	6.6
60	55690	西藏	错那	−0.36	−5	19	7.8	−0.05	−1	57	4.8

续表

序号	区站号	省份	地名	雨季开始期				雨季结束期			
				趋势系数 R 值	气候倾向率(d/10 a)	开始候	降水阈值(mm)	趋势系数 R 值	气候倾向率(d/10 a)	结束候	降水阈值(mm)
61	55696	西藏	隆子	−0.19	−2	32	7.1	0.01	0	55	2.2
62	55773	西藏	帕里	−0.06	−1	26	4.3	0.02	0	55	4.6
63	56004	青海	托托河	−0.37	−4	30	5.6	0.16	2	53	6.4
64	56016	青海	治多	−0.19	−2	29	7.9	0.01	0	55	5.1
65	56018	青海	杂多	−0.23	−2	29	9.6	−0.03	0	55	8.5
66	56021	青海	曲麻莱	−0.36	−3	29	7.9	0.28	2	55	5.6
67	56029	青海	玉树	−0.19	−2	28	10.9	0.20	2	56	7.8
68	56033	青海	玛多	−0.45	−5	27	4.8	0.19	2	55	3.9
69	56034	青海	清水河	−0.36	−3	28	9.2	0.08	1	55	7.4
70	56038	四川	石渠	−0.14	−2	28	10.2	0.20	1	56	11.9
71	56043	青海	果洛	−0.11	−1	28	9.2	0.12	1	55	8.8
72	56045	青海	甘德	−0.15	−1	28	10.5	0.16	1	55	10.0
73	56046	青海	达日	−0.21	−2	28	9.9	0.18	1	55	9.1
74	56065	青海	河南	0.02	0	27	12.2	−0.05	0	56	6.6
75	56067	青海	久治	−0.14	−1	27	14.6	0.09	1	56	11.2
76	56074	甘肃	玛曲	0.19	4	27	12.4	−0.14	−1	56	9.4
77	56075	甘肃	郎木寺	0.02	0	25	10.4	−0.19	−1	55	20.0
78	56079	四川	若尔盖	0.06	1	26	12.4	0.17	1	57	10.8
79	56080	甘肃	合作	0.07	1	26	9.2	0.10	1	56	9.0
80	56106	西藏	索县	−0.29	−2	29	14.8	0.13	1	55	12.2

续表

序号	区站号	省份	地名	雨季开始期				雨季结束期			
				趋势系数 R 值	气候倾向率(d/10 a)	开始候	降水阈值(mm)	趋势系数 R 值	气候倾向率(d/10 a)	结束候	降水阈值(mm)
81	56109	西藏	比如	−0.30	−2	29	12.3	0.13	1	55	10.8
82	56116	西藏	丁青	−0.16	−2	28	11.3	0.29	3	57	8.7
83	56125	青海	囊谦	−0.28	−2	28	9.4	0.19	1	55	9.2
84	56128	西藏	类乌齐	−0.10	−1	28	10.0	0.21	2	57	5.7
85	56137	西藏	昌都	−0.19	−3	28	8.0	0.33	3	57	4.2
86	56144	四川	德格	−0.15	−2	29	13.1	0.28	2	56	7.7
87	56146	四川	甘孜	−0.16	−2	26	9.7	0.32	2	57	7.9
88	56151	青海	班玛	−0.06	−1	27	10.7	0.19	1	56	10.7
89	56152	四川	色达	−0.16	−1	28	11.7	0.40	3	56	11.8
90	56167	四川	道孚	−0.16	−2	27	10.5	0.06	0	56	6.9
91	56172	四川	马尔康	−0.31	−3	24	9.6	0.14	1	57	13.7
92	56173	四川	红原	−0.17	−2	24	8.3	0.27	2	58	11.2
93	56178	四川	小金	−0.06	−1	23	11.5	0.16	1	58	8.5
94	56182	四川	松潘	−0.15	−2	21	9.8	−0.08	−1	58	11.1
95	56202	西藏	嘉黎	−0.10	−1	29	18.1	0.36	3	55	11.8
96	56223	西藏	洛隆	−0.17	−2	24	6.1	0.54	8	58	7.3
97	56227	西藏	波密	−0.34	−5	15	15.8	0.30	3	60	11.7
98	56228	西藏	八宿	−0.16	−3	23	2.5	−0.09	−1	57	1.8
99	56247	四川	巴塘	−0.11	−1	30	7.0	0.01	0	55	9.4
100	56251	四川	新龙	−0.18	−2	28	13.0	0.05	0	55	12.1

续表

序号	区站号	省份	地名	雨季开始期				雨季结束期			
				趋势系数 R 值	气候倾向率(d/10 a)	开始候	降水阈值(mm)	趋势系数 R 值	气候倾向率(d/10 a)	结束候	降水阈值(mm)
101	56257	四川	理塘	−0.25	−3	29	9.6	0.12	1	55	13.8
102	56307	西藏	加查	−0.09	−1	31	7.2	0.09	1	54	5.0
103	56312	西藏	林芝	−0.19	−3	25	10.6	0.15	1	56	6.9
104	56317	西藏	米林	−0.28	−4	23	10.5	−0.13	−1	54	11.8
105	56331	西藏	左贡	−0.06	−1	31	6.7	−0.30	−3	54	7.3
106	56342	西藏	芒康	−0.12	−2	30	7.0	0.10	1	54	8.8
107	56357	四川	稻城	0.03	0	32	18.5	0.12	1	54	10.6
108	56374	四川	康定	−0.28	−3	23	16.0	0.17	2	57	7.2
109	56434	西藏	察隅	−0.39	−6	16	11.7	0.00	0	59	5.8
110	56459	四川	木里	−0.24	−2	29	13.6	0.07	1	56	8.4
111	56462	四川	九龙	0.03	0	28	12.8	−0.11	−1	56	10.5

图 2.3 为气候态平均的青藏高原雨季开始期(候)空间分布图。从图可见,青藏高原雨季开始最早到来的地方是藏东南、滇西北的横断山脉中西部(波密、察隅、八宿)地区,在 17～20 候(3 月下旬至 4 月上旬)。此地雨季开始早,与此时低层西风、南风迅速增强,特别是西风增强有关(肖潺等,2013,2015),西风、西南风增强后在横断山脉地形作用下辐合抬升,形成丰沛降水有关,当地称之为“桃花汛”;其次,雨季开始较早的地区出现在青藏高原西南部边缘的普兰、聂拉木、错那,在 19～22 候(4 月上中旬),再次为青藏高原东缘的四川松潘、若尔盖,一般在 23～25 候(4 月下旬至 5 月下旬)进入雨季。最晚进入雨季的区域在广袤的青藏高原西部(90°E 以西)和青海柴达木盆地西北部,在 31～34 候(6 月上中旬)以后才进入雨季。

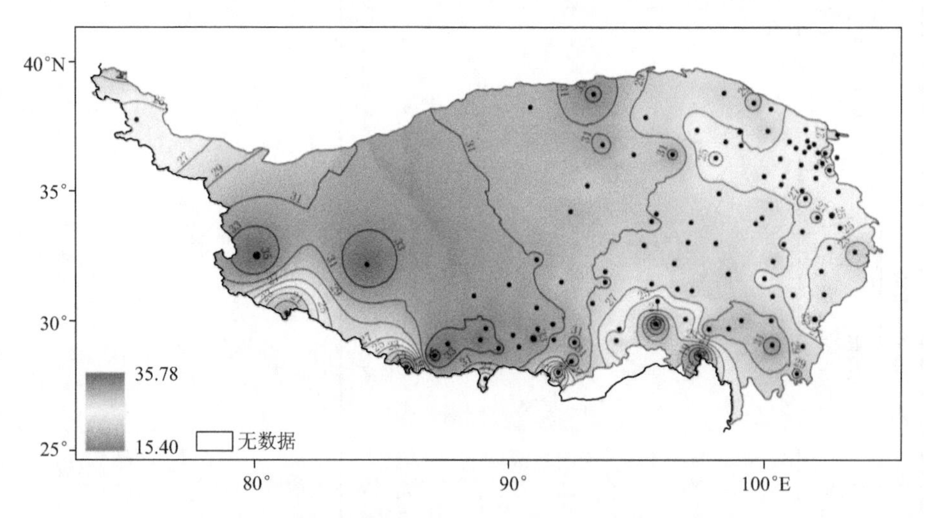

图 2.3 青藏高原雨季开始期(候)空间分布图(气候态)

图 2.4 为气候态平均的青藏高原雨季结束期空间分布图,雨季的结束期与开始期正好相反,青藏高原西部和柴达木盆地北部雨季结束的最早,在 50～52 候(9 月上中旬)雨季基本结束,整个青藏高原中部大部分地区 54～56 候(10 月上旬)雨季基本结束,同时,雨季开始最早的藏东南、滇西北的横断山脉西部、青藏高原东部和南部边缘地区,在 56～58 候(10 月中下旬)相继结束。

总体上,青藏高原雨季是自东南至西北开始,结束正好与此相反,因而雨季具有西部短、东部长的特点。藏东南雨季自 3 月开始,与长江中游江南一带同为我国雨季开始最早的地方,但雨季在 10 月结束,长达 8 个月,是青藏高原雨季最长的地方。高原西部的狮泉河、柴达木盆地西北部的冷湖、茫崖地区雨季开始于 6 月底,结束于 9 月上旬,雨季持续期不足 3 个月,是青藏高原雨季最短的地方。

徐国昌和李梅芳(1982)研究指出,我国雨季可分为三大区域:青藏高原地区、东

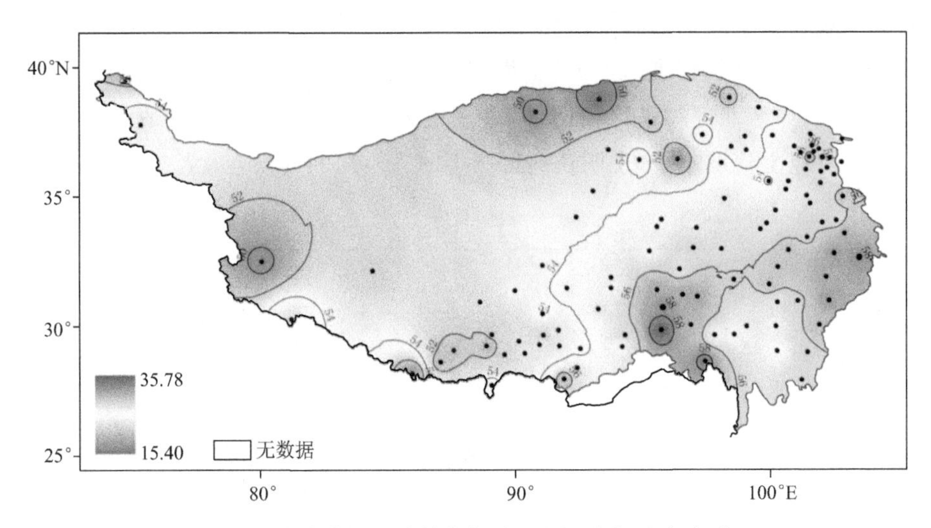

图 2.4 青藏高原雨季结束期(候)空间分布图(气候态)

部地区(105°E 以东)和新疆地区。青藏高原(包括云南)雨季最明显,东部地区的北方(淮河以北)次之,南方雨季不如北方集中,新疆尤其北疆基本上没有雨季,高原是我国雨季最显著的地区。章凝丹和姚辉(1984)研究表明:青藏高原中东部地区的春雨最早出现在西藏东南部的喜马拉雅山与横断山过渡地带藏东南高山峡谷地带,这可能是青藏高原南北两支气流辐合造成(章凝丹和姚辉,1984),随后春雨季向西和东南方向推进,反映出藏东南高山峡谷地区主雨季出现早,结束晚,持续时间较长的特点。56 候(10 月初)前后青藏高原大部分地区进入旱季。而 95°E 附近的藏东地区及青藏高原东南部的川南地区为雨季消退最晚的地区。上述结论均与章凝丹和姚辉(1984)、黄琰等(2014)分析的青藏高原多年雨季推进和撤退特征以及雨季起讫时间一致,同时也与陈少勇等(2011)分析的青藏高原东部降水峰值出现时间,以及春、秋雨季的起讫时间较接近。高原雨区位置的变化与高原夏季风的建立和自外围向高原内部推移的方向是完全一致的(张家诚,1995)。

2.3 高原雨季起讫期时间演变特征

2.3.1 雨季起讫期变化趋势

从青藏高原雨季开始期气候变化趋势空间分布图(图 2.5)来看,图中等值线为雨季开始期气候变化倾向率(d/10 a),负值表示开始期提前,正值表示推迟,色斑表示雨季开始期趋势系数通过 0.05 信度水平的区域。高原雨季开始期有 88%站点呈提前趋势,说明青藏高原雨季开始期以提前为主,其中,青藏高原中部大部分地区雨季开始期提前趋势明显,通过 0.05 信度水平。青藏高原只有 13 个站点 $R>0$,主要出现区域在高原东北部和高原西南部,最大值为西藏西南部的普兰站,$R=0.22$,也未通过 0.10 以上信度水平,说明这些区域雨季开始期的气候变化趋势不明显。

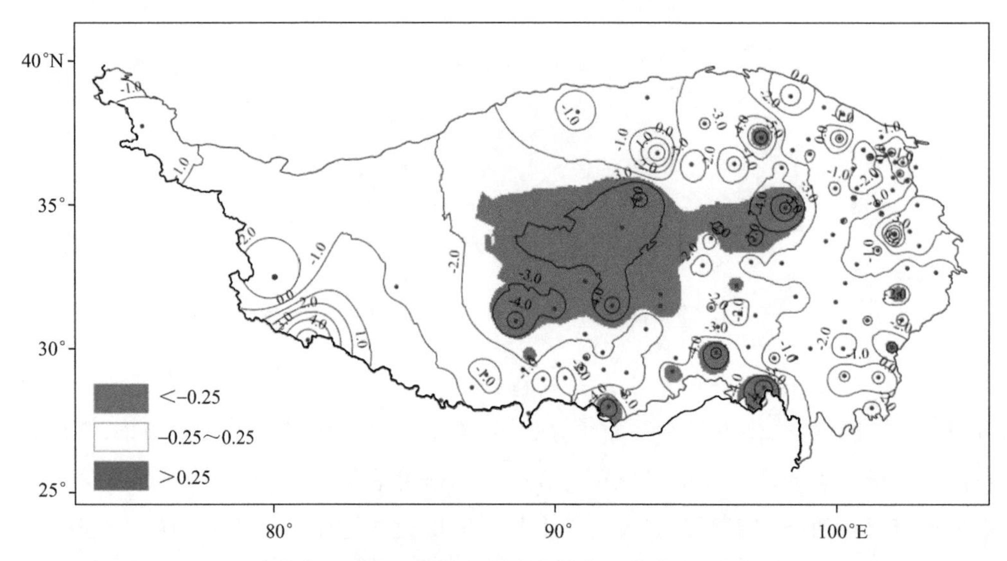

图 2.5 青藏高原雨季开始期气候变化趋势空间分布(单位:d/10 a)
(藏南边缘无数据)

青藏高原青海南部和西藏中东部大部分地区雨季开始期每 10 a 提前 3~5 d,西藏察隅、青海德令哈气候倾向率最大每 10 a 提前 6 d,其次,西藏波密、西藏错那、青海玛多每 10 a 提前 5 d。青藏高原整体平均气候倾向率为每 10 a 提前 2 d。

青藏高原雨季结束期气候变化趋势空间分布如图 2.6 所示,高原 81% 站点雨季结束期呈推迟趋势,结束期推迟最明显的区域在西藏东北部和四川的西北部,通过 95%显著性水平检验。高原西部的狮泉河、青海东北部少部分站点和西藏左贡雨季结束期呈提前趋势,西藏左贡、狮泉河雨季结束期提前趋势较明显,仅西藏左贡通过 0.05 信度水平。

青藏高原平均雨季结束期气候倾向率为每 10 a 推迟 1~2 d,结束期推迟趋势最明显的区域在西藏东北部和四川的西北部,每 10 a 推迟 3~6 d,其中吐尔尕特、洛隆气候倾向率最大每 10 a 推迟 4 d、8 d,仅西藏左贡、狮泉河雨季结束期分别以 4 d/10 a 和 3 d/10 a 提前。

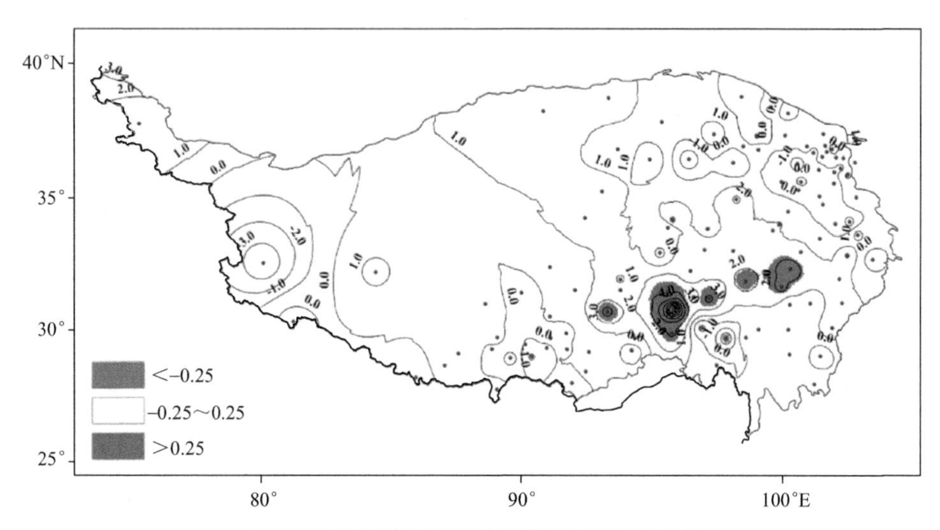

图 2.6　青藏高原雨季结束期气候变化趋势空间分布(单位:d/10 a)

(藏南边缘无数据)

2.3.2　雨季起讫期年代际特征

根据前文分析,青藏高原雨季开始期自东南向西北推进,结束期正好与此相反,自西北至东南雨季逐渐结束。基于此,高原雨季开始、结束期年代际气候变化特征分西部区(狮泉河、改则、申扎)、中部区(沱沱河、清水河、索县)、东部区(小金、合作、马尔康)三个区域进行分析。

图 2.7 为青藏高原雨季开始期年际变化图。可以看出 1961—2017 年近 57 a 青藏高原雨季开始日西部区、中部区、东部区均呈现提前趋势,气候倾向率分别为每 10 a 提前 2.7 d、2.4 d 和 0.1 d。由表 2.3 看出,高原西部、中部雨季开始期的年代际变化特征较为一致,20 世纪 60、70 年代高原西部区平均雨季开始期为 6 月 16 日,20 世纪 80 年代为 6 月 23 日,进入 21 世纪以来雨季开始期明显提前,2001—2017 年平均雨季开始期为 6 月 6 日,比 20 世纪 60、70 年提前 10 d,比 20 世纪 80 年代提前 17 d。东部区雨季开始期的年代际变化特征不明显,但年际变率较大。

图 2.8 为青藏高原雨季结束日年际变化图。可以看出 1961—2017 年近 57 a 青藏高原雨季结束日西部区呈现提前趋势,而中部区、东部区均呈现推迟趋势,但趋势性变化不明显。由表 2.3 看出,高原西部 20 世纪 60、70 年代平均雨季结束期为 9 月 18 日,2001—2017 年平均雨季结束期为 9 月 13 日,仅比 20 世纪 60、70 年提前 5 d;中部 20 世纪 60、70 年代平均雨季结束期为 9 月 25 日,2001—2017 年平均雨季结束期为 9 月 28 日,推迟 5 d;东部区雨季 20 世纪 60、70 年代平均雨季结束期为 10 月 11 日,2001—2017 年平均雨季结束期为 10 月 14 日,推迟 3 d。

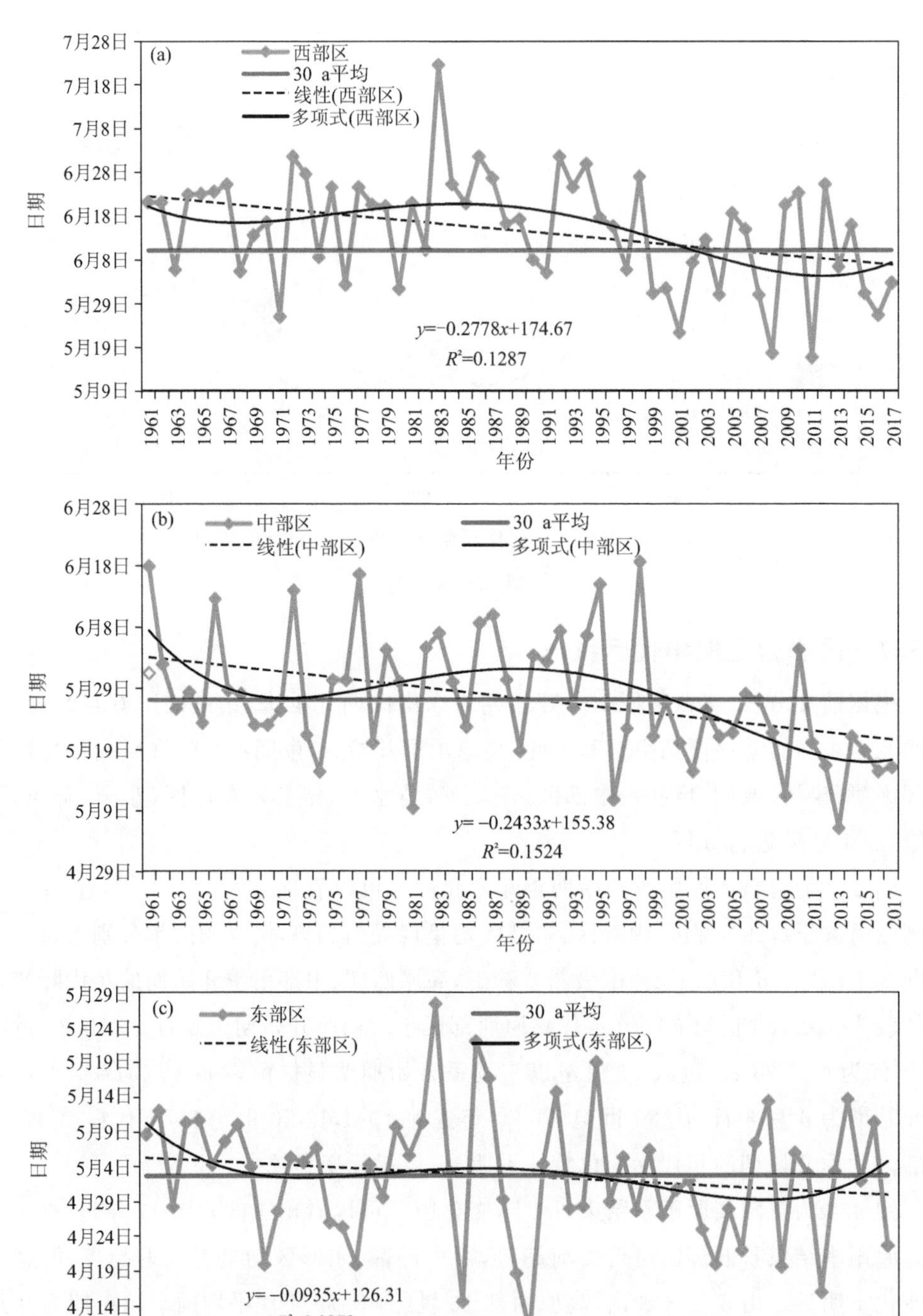

图 2.7　青藏高原雨季开始日历年变化

(a)西部；(b)中部；(c)东部

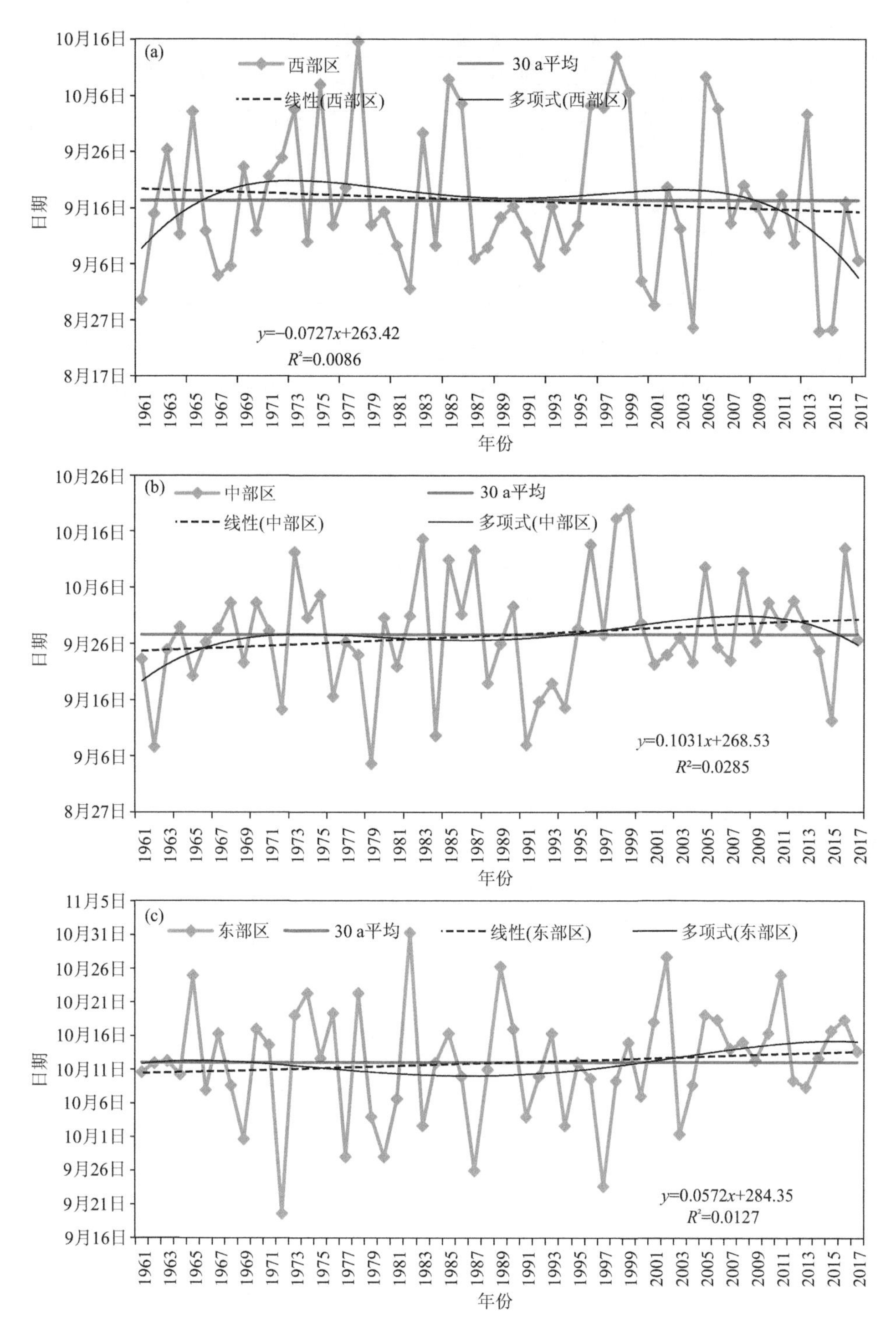

图 2.8　青藏高原雨季结束日历年变化

(a)西部；(b)中部；(c)东部

表 2.3 雨季开始、结束期年代际统计特征

年份	雨季开始期			雨季结束期		
	西部区	中部区	东部区	西部区	中部区	东部区
1961—2017	6月14日	5月27日	5月2日	9月17日	9月27日	10月12日
1961—1970	6月17日	5月30日	5月5日	9月14日	9月24日	10月12日
1971—1980	6月15日	5月30日	4月30日	9月23日	9月25日	10月10日
1981—1990	6月23日	5月29日	5月3日	9月17日	9月30日	10月12日
1991—2000	6月15日	5月31日	5月3日	9月20日	9月28日	10月7日
2001—2010	6月7日	5月22日	4月29日	9月15日	9月28日	10月15日
2011—2017	6月4日	5月16日	5月1日	9月10日	9月28日	10月14日

整体而言，青藏高原雨季开始期21世纪前17 a较20世纪60—70年代提前3～10 d，雨季结束期无明显变化。经突变检验表明，高原西部和中部雨季开始期突变点出现在1992年(图2.9)。

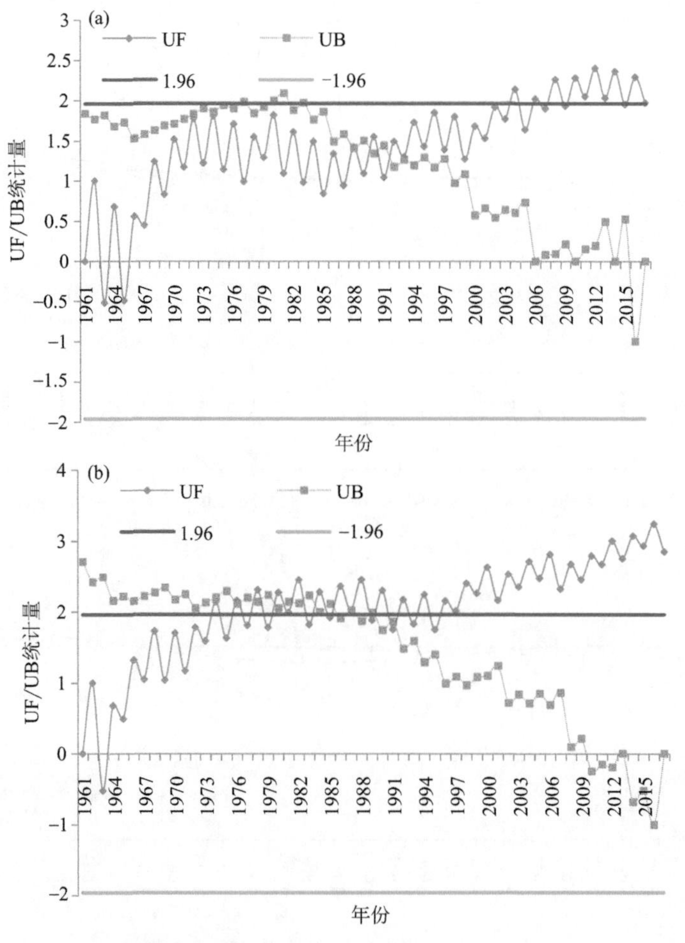

图 2.9 高原西部和中部雨季开始期 Mann-Kendall 突变统计检验

(a)西部；(b)中部

2.4　高原雨季降水特征

在气候增暖背景下，青藏高原的降水总量及其极端性均发生了显著变化，受到了众多学者的关注。大部分研究指出高原年降水量和四季降水量总体呈增多趋势（姚莉和吴庆梅，2002；杜军和马玉才，2004；李生辰等，2007；张磊和缪启龙，2007；李亚琴，2011；胡豪然和梁玲，2013；韩熠哲等，2017），但空间差异性较大，主要呈自东南向西北递减的分布形式（杜军和马玉才，2004；李生辰等，2007；周顺武等，2011；杨玮等，2011；林厚博等，2015；李晓英等，2016），同时极端降水事件的变化趋势也受到关注（建军等，2012；杨勇等，2013；杜军等，2014；路红亚等，2014；邹璐等，2017）。综合前人研究结果发现，就降水量多年变化特征而言，时空尺度多样，受降水量资料年限和选取站点不同等因素的影响，所得出的结论有较大差异。在降水量空间分布特征上，多数研究集中于高原的某一区域，很难全面认识整个高原降水变化的空间差异性。同时更为重要的是，高原干湿季节分明，雨季占全年降水量的 80%以上，是农作物、天然牧草生长发育的关键时期，其起讫期和期间降水量变化对农牧业生产，如春播秋收、种植结构调整、水资源调控管理、防旱抗旱等应对气候变化方面的工作具有现实的指导意义。但以往对高原降水方面的研究多针对汛期、四季或年降水展开，对于气候变暖背景下高原整个雨季降水的探讨尚不多见。本节基于青藏高原气象观测数据，全面分析高原雨季起讫期降水量变化特征，以期提升对青藏高原降水量变化的认知，为当地应对气候变化、防灾减灾、区域水资源管理等提供科学支撑与参考依据。

2.4.1　高原雨季降水变化特征

高原雨季平均降水量为 382.0 mm，其中九龙、木里、康定、理塘等地降水量较大，在 640 mm 以上。对青藏高原雨季降水利用旋转经验正交函数分解（rotational empirical orthogonal function decomposition，REOF）方法（魏凤英，2009）进行分区，前 5 个模态的方差贡献及累计方差贡献率见表 2.4。由于青藏高原范围大、地形复杂多样，降水的时空变化大，因此 REOF 分解各模态的方差贡献率不高，收敛速度也较慢。根据 REOF 分区结果，将整个青藏高原分为 5 个区域进行分析（图 2.10），各区域地理位置和海拔高度详细情况见表 2.5。

表 2.4　青藏高原雨季降水 REOF 前 5 个模态的方差贡献及累计方差贡献率

模态序号	1	2	3	4	5
方差贡献	22.1	12.6	8.4	6.6	5.1

续表

模态序号	1	2	3	4	5
累计方差贡献	22.1	34.8	43.1	49.7	54.8

表 2.5　不同区域基本资料

区号	站点数量	经度	纬度	平均海拔(m)
1	21	95.30°～103.57°E	31.00°～34.92°N	3613.3
2	24	85.97°～101.97°E	27.73°～31.42°N	3501.6
3	23	99.58°～102.90°E	34.47°～38.42°N	2758.4
4	12	90.85°～100.13°E	36.30°～38.80°N	3049.9
5	12	75.23°～93.78°E	30.28°～37.78°N	4311.2

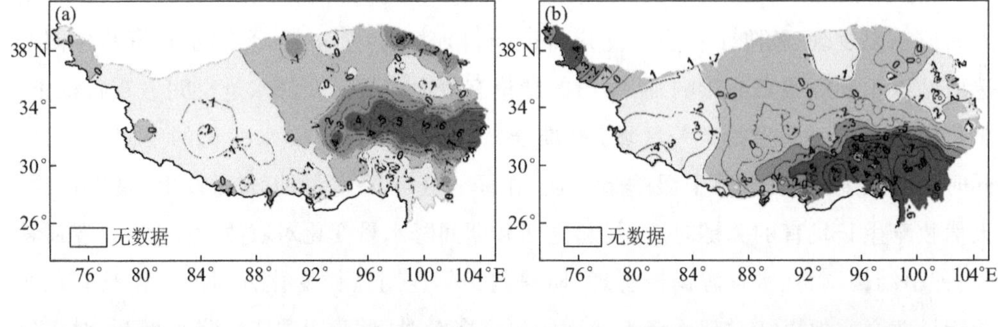

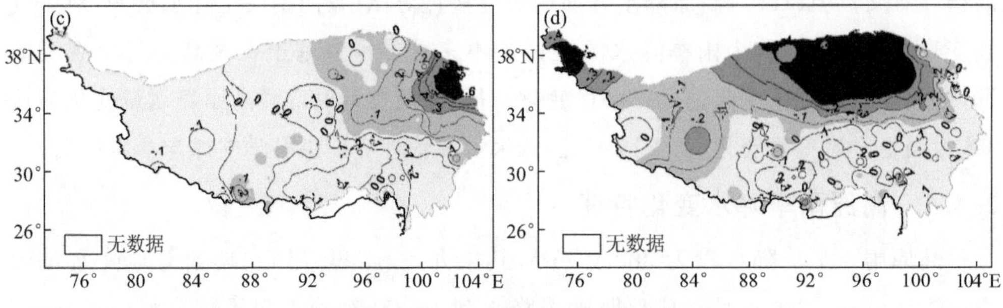

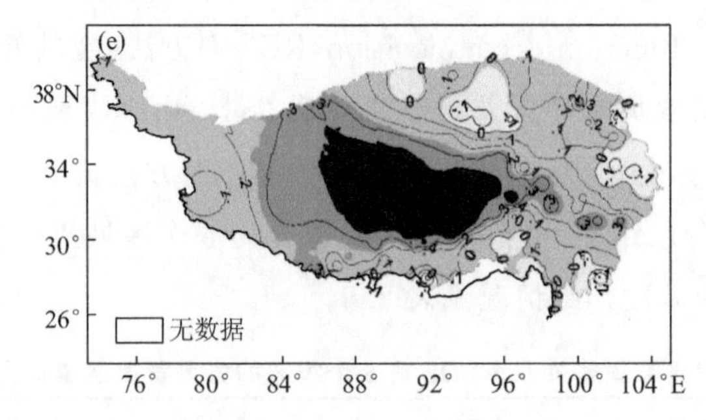

图 2.10　青藏高原雨季降水 REOF 分析的前 5 个模态

(a)1 区;(b)2 区;(c)3 区;(d)4 区;(e)5 区

研究改则、普兰两个站观测资料自 1973 年开始，且位于青藏高原西南部站点稀疏的区域，为了增加空间分析的精度，需将数据插补到 1967 年。在进行资料插补时，首先选用相同模态中能通过信度 0.01 显著性水平的站点进行插补，若没有达到条件的站点，则从相邻模态中的站点进行插补。其中 1973—2017 年改则和沱沱河开始期的相关系数为 0.376、普兰和那曲的相关系数为 0.471，均通过显著性水平 0.01 的检验。结束期改则和安多的相关系数为 0.544，普兰和德令哈的相关系数为 0.40，均通过显著性水平 0.01 的检验。通过计算得到青藏高原 1967—2017 年雨季开始期、结束期、持续期变化和空间变率分布图（图 2.11），可以看出，1967—2017 年青藏高原雨季开始期呈提前趋势，平均每 10 a 提前 1.4 d（图 2.11a）。不同区域提前幅度有所差异，1～5 区的平均变化速率分别为 1.5 d/10 a、2.1 d/10 a、0.7 d/10 a、0.6 d/10 a 和 2.5 d/10 a。总体来看高原南部雨季开始期提前幅度较大，东部地区呈推迟趋势（图 2.11b）。

高原雨季结束期呈略微推迟趋势，平均每 10 a 推迟 0.8 d（图 2.11c），1～5 区的平均推迟速率分别为 1.3 d/10 a、0.2 d/10 a、0.6 d/10 a、1.5 d/10 a 和 0.3 d/10 a。其中格尔木推迟最明显，平均每 10 a 推迟 5.1 d，阿里提前趋势最明显，平均每 10 a 提前 4.6 d（图 2.11d）。

受雨季开始期提前，结束期推迟的影响，高原雨季持续期呈延长趋势，平均每 10 a 延长 2.2 d（图 2.11e），1～5 区的平均延长速率分别为 2.7 d/10 a、2.3 d/10 a、1.2 d/10 a、2.0 d/10 a 和 2.8 d/10 a（图 2.11f）。

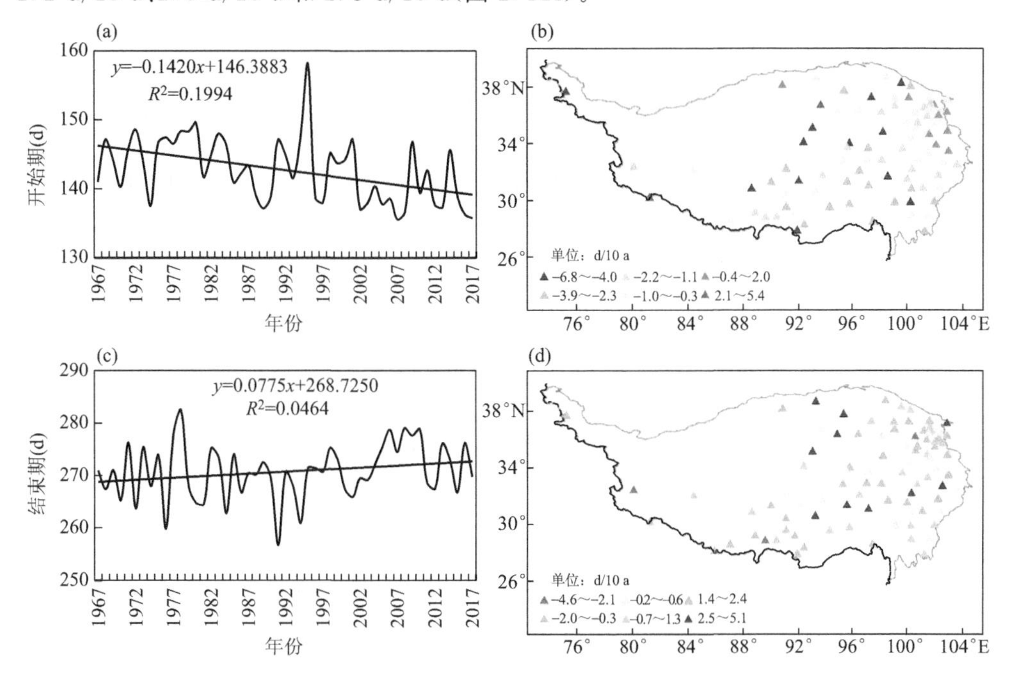

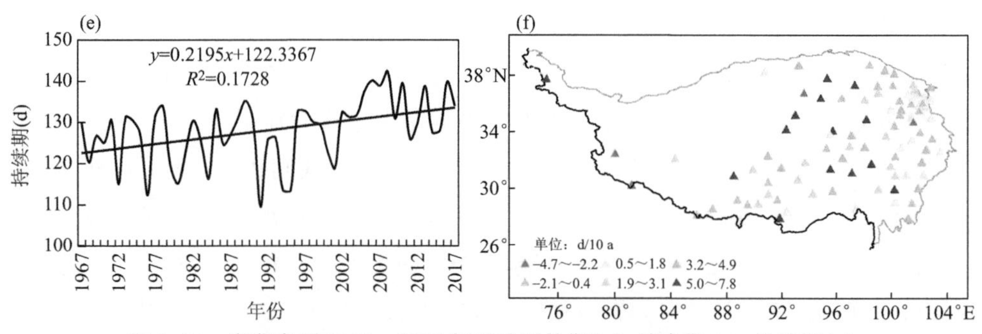

图 2.11　青藏高原 1967—2017 年雨季开始期(a)、结束期(c)、持续期(e)变化和开始期(b)、结束期(d)、持续期(f)空间变率分布

综合分析 1969—2017 年雨季起讫期和持续日数变化特征，可以看出，进入 21 世纪以来变化幅度较大，2001—2017 年平均雨季开始期、结束期、持续日数较 1969—2000 年平均分别提前(推迟、延长)4.8 d、3.2 d 和 8.0 d。

1967—2017 年青藏高原雨季降水量总体变化趋势不明显，呈小幅度增加趋势，平均每 10 a 增加 3.8 mm(图 2.12a)。不同区域增加趋势有所差异，其中 1 区降水量有所减少，平均每 10 a 减少 2.7 mm(图 2.12b)；2 区和 3 区呈微弱增加趋势，平均每 10 a 增加 3.1 mm 和 2.2 mm(图 2.12c、d)；4 区和 5 区增加趋势相对较大，平均每 10 a 增加 7.5 mm 和 8.9 mm(图 2.12e、f)。

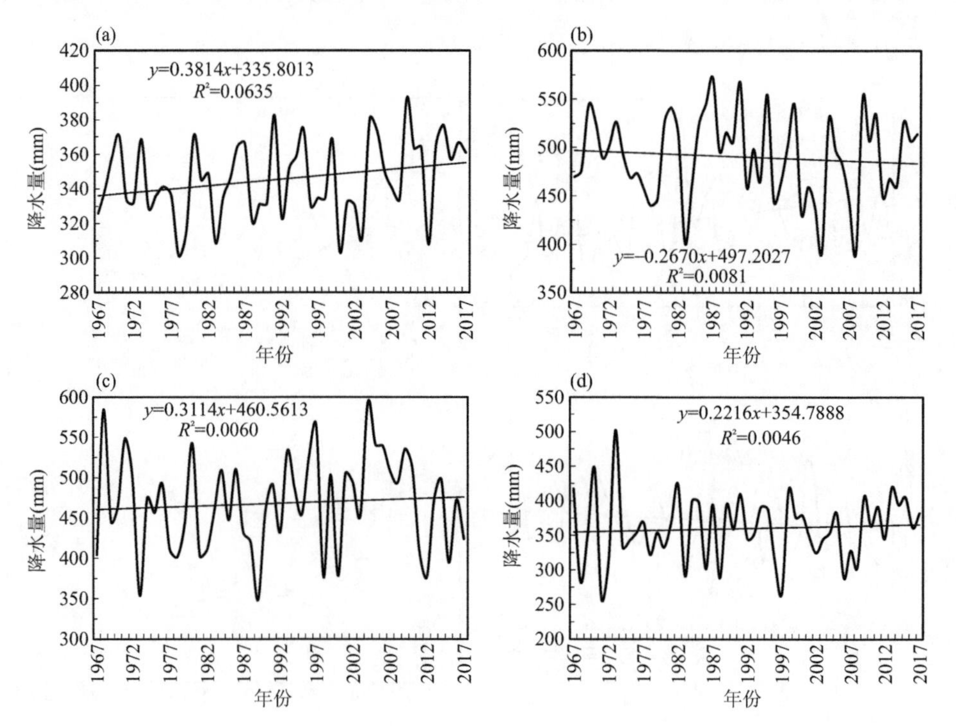

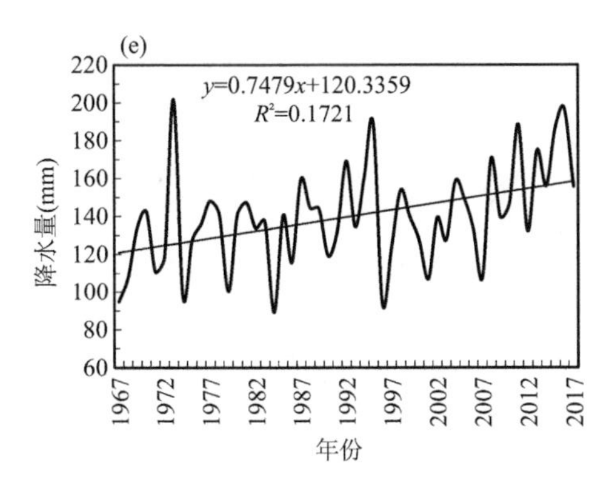

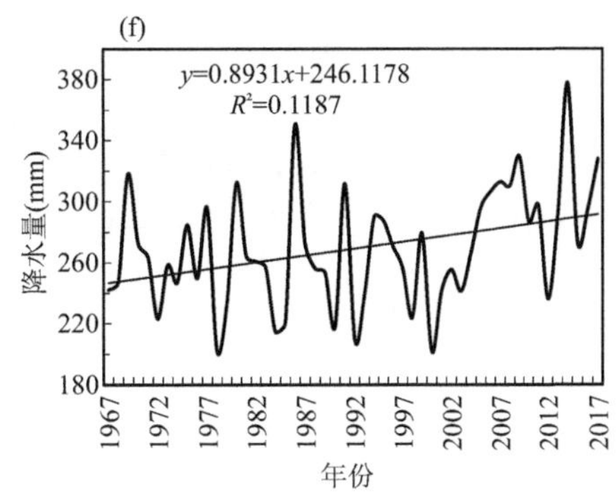

图 2.12　青藏高原 1967—2017 年雨季降水量总体变化(a)、1 区降水量(b)、2 区降水量(c)、3 区降水量(d)、4 区降水量(e)和 5 区降水量(f)

参考世界气象组织气候变化监测和指标专家组定义的极端降水指数，选取在高原地区比较适用的中雨日数、1 日最大降水量、强降水量、降水强度 4 个指数(翟盘茂和刘静，2012)，分析 1967—2017 年青藏高原极端降水指数变化特征，各指数的定义见表 2.6。

表 2.6　极端降水指数定义

指数	意义
中雨日数	雨季日降水量大于等于 10 mm 的日数
1 日最大降水量	雨季最大 1 日降水量
强降水量	日降水量大于 95%分位值的雨季累计降水量
降水强度	雨季降水总量与湿日日数(日降水量大于等于 10.0 mm)的比值

从图 2.13 可以看出，1967—2017 年中雨日数、1 日最大降水量、强降水量和降水强度均呈略微增加趋势，总体来看增加幅度不大，但大致从 2008 年以来青藏高原雨季降水的极端性表现明显，2008 年前后中雨日数、1 日最大降水量、强降水量和降水强度分别增加 1.0 d、8.4%、10.0%和 0.3 mm/d。

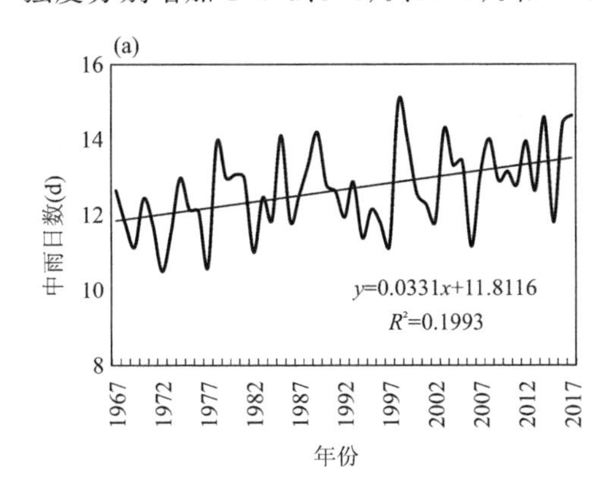

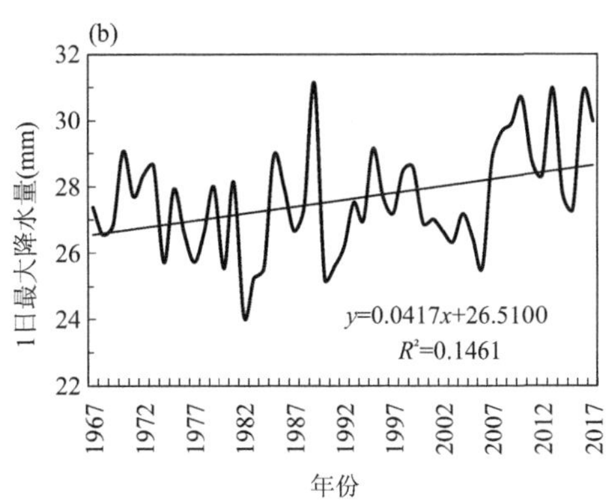

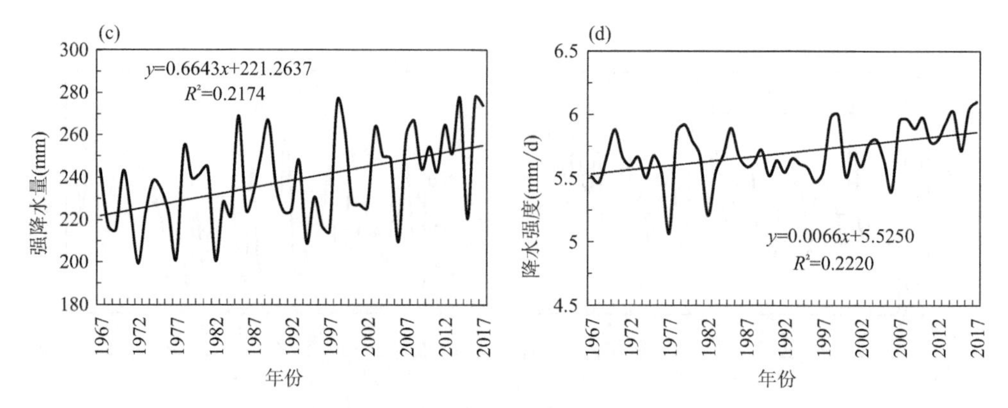

图 2.13　青藏高原 1967—2017 年雨季中雨日数（a）、1 日最大降水量（b）、强降水量（c）和降水强度（d）变化

利用 M-K（Mann-Kendall）方法检验 1967—2017 年青藏高原雨季开始期、结束期、持续时间和降水量的突变。从图 2.14 可以看出，雨季开始期在 2002 年发生突变（图 2.14a），2002 年以来雨季开始期明显提前，2002—2017 年雨季平均开始期较 1967—2001 年平均早 5.4 d。雨季结束期没有检测到突变点（图 2.14b）。受雨季开始期突变影响，雨季持续期也在 2002 年发生突变，持续期明显延长，2002—2017 年雨季平均持续期较 1967—2001 年平均延长 9.1 d（图 2.14c）。经 M-K 检验，雨季降水量没有发生明显的突变现象（图 2.14d）。

2.4.2　地形对高原雨季降水的影响

从表 2.7 可以看出，在第 1～2 区，雨季降水量随着海拔增加而减少，平均海拔每升高 100 m，降水量减少 11.0 mm 和 13.0 mm。而在第 3、4 和 5 模态区域，则随着海拔高度的增加降水量增多，平均海拔每升高 100 m，降水量增多 8.4 mm、46.8 mm 和 14.2 mm（图 2.15）。

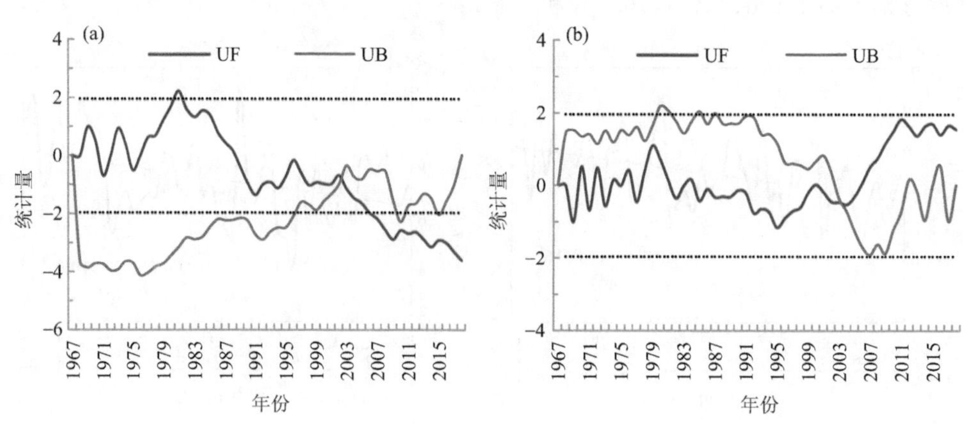

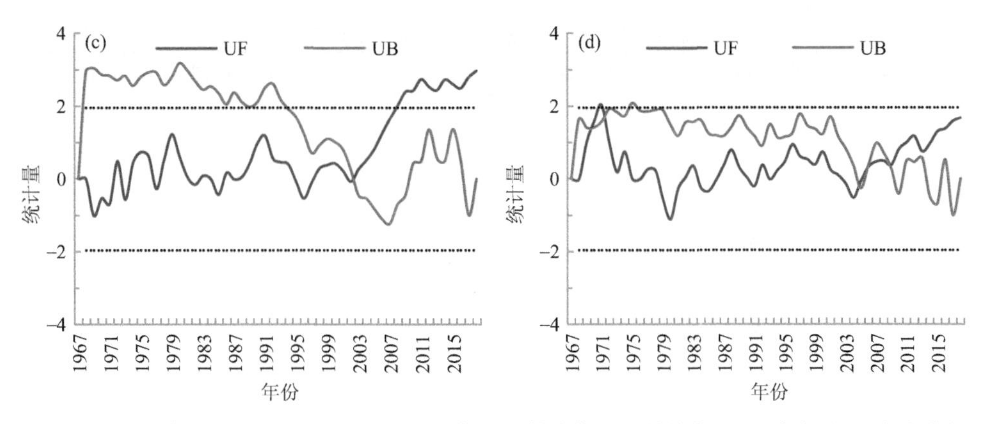

图 2.14　青藏高原 1967—2017 年雨季开始期(a)、结束期(b)、持续期(c)和降水量(d)突变分析

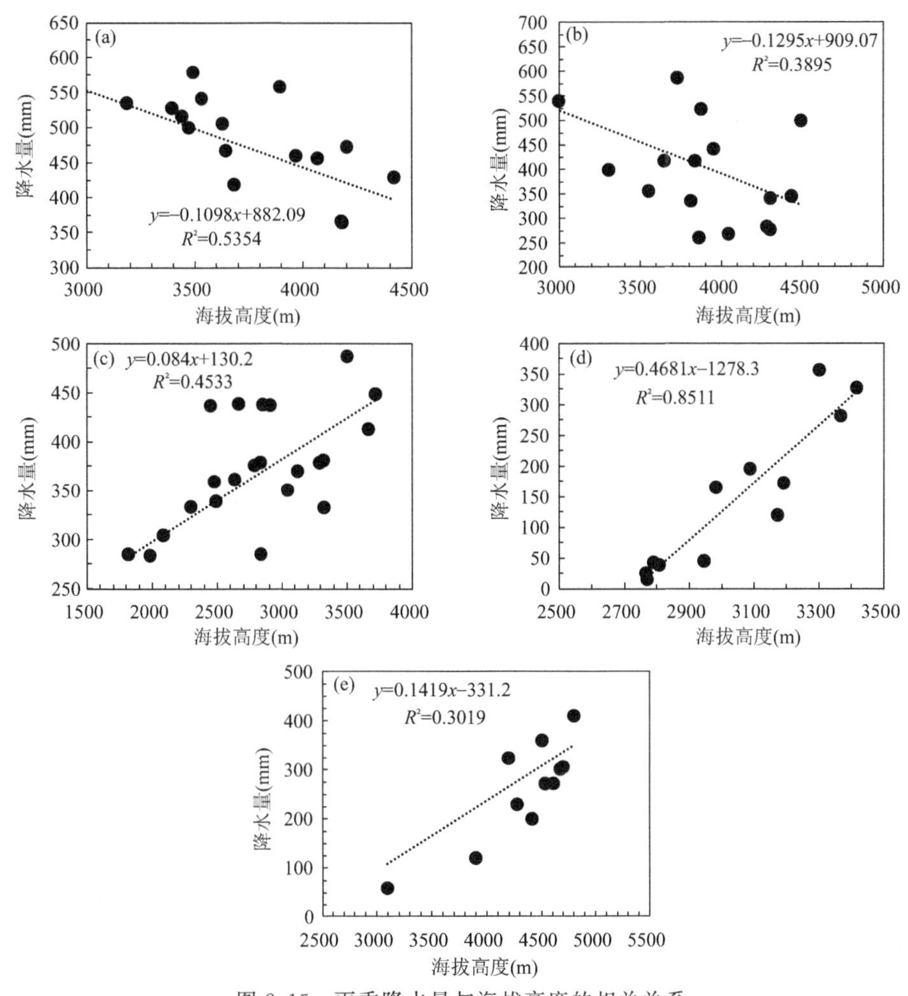

图 2.15　雨季降水量与海拔高度的相关关系

(a)第 1 模态；(b)第 2 模态；(c)第 3 模态；(d)第 4 模态；(e)第 5 模态

表 2.7 不同区域平均雨季起讫期、降水量与地理要素的相关系数

模态序号	地理要素	雨季开始期	雨季结束期	雨季持续期	雨季降水量
1	海拔高度	0.73**	0.73**	−0.82**	−0.73**
	经度	−0.81**	0.85**	0.84**	0.67**
	纬度	0.37	−0.54**	−0.43	−0.59**
2	海拔高度	0.37	0.37	−0.48	−0.62**
	经度	−0.08	0.35	0.16	0.78**
	纬度	0.11	0.08	−0.06	0.34
3	海拔高度	0.20	0.20	−0.38	0.67**
	经度	−0.30	0.62**	0.46	−0.16
	纬度	0.33	−0.39	−0.38	−0.11
4	海拔高度	−0.64	−0.64	0.32	0.92**
	经度	−0.61	0.64	0.66	0.85**
	纬度	0.37	−0.67	−0.55	0.07
5	海拔高度	0.56	0.56	−0.19	0.55*
	经度	0.28	0.34	−0.15	0.88**
	纬度	−0.04	−0.25	−0.03	−0.37

注：*、**分别代表通过95%和99%显著性检验。

同时，从表 2.7 可以看出，除第 3 模态区域外，其余 4 个区域的经度对雨季降水量的分布影响也很明显。在第 1 模态、2 模态、4 模态、5 模态随着经度的增加，雨季降水量呈增加趋势，平均经度增加 1°，降水量分别增多 21.6 mm、21.4 mm、36.9 mm 和 19.4 mm（图 2.16）。第 3 模态主要分布在青海河湟谷地，主要受东部季风影响，且该区域经度跨度较小，因而经度的影响表现不明显。

2.5 高原雨季极端降水特征

IPCC(Intergovernmental Panel on Climate Change)第五次评估报告显示，全球变暖背景下，极端气候事件呈现增多特征(Stocker 等，2014)。极端气候事件在统计学意义上定义为某地的气候状态严重偏离其平均态，是发生概率极少的气候事件，表征极端气候事件的指标主要分为极端降水和极端气温事件，而极端降水会导致洪涝、滑坡、泥石流等自然灾害，造成严重的经济损失和社会影响(Changnon et al.，2000；Hu 和 Duan，2015；张小莹，2014；陈姣和张耀存，2016)。因此，研究极端降水事件是科学发展的需要，也是社会的迫切要求。高原地表生态系统脆弱，气候变化的微小波动都有可能导致生态系统的强烈响应，气候暖湿化引起高原山地植被增加、高山草甸

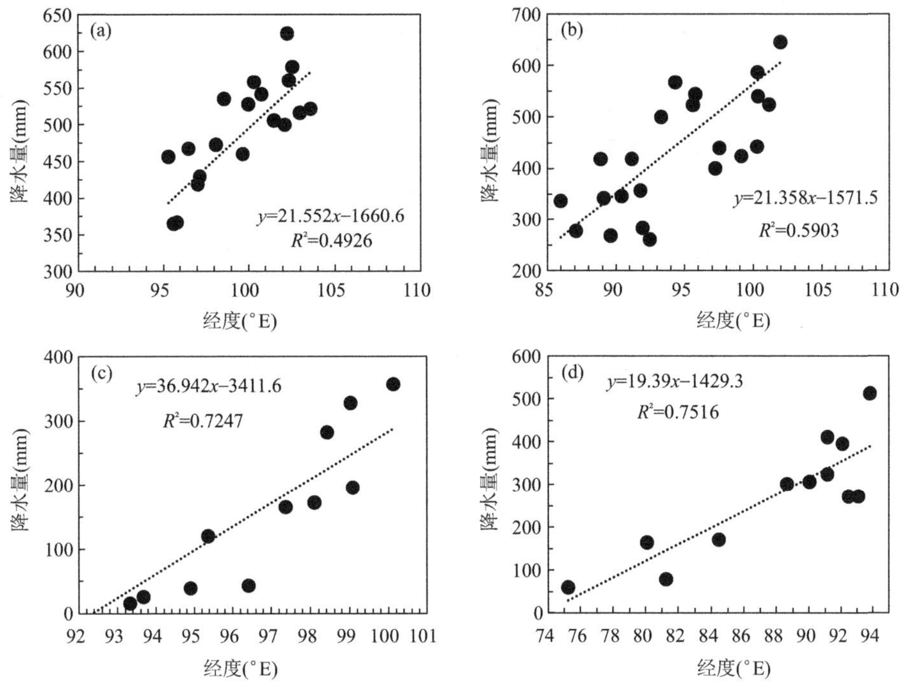

图 2.16　雨季降水量与经度的相关关系

(a)第 1 模态;(b)第 2 模态;(c)第 4 模态;(d)第 5 模态

草原面积减少、冻土消融、雪线上升、冰川消融等(牛亚菲,1999;赵昕奕等,2002;常国刚等,2005;段克勤等,2008;孙鸿烈等,2012)。因此,研究青藏高原极端降水对理解气候变化和生态环境保护等具有重要的现实意义。近年来针对青藏高原极端降水的研究取得了许多成果。谌芸(2004)研究发现,青藏高原东北部年降水量和强降水次数自东向西呈阶梯性递减趋势;吴国雄等(2014)研究指出,青藏高原极端降水指数无显著趋势,但区域性差异明显,特别是高原中部极端强降水事件、极值和连续湿日数呈显著减小趋势;赵雪雁等(2015)研究发现,高原东部强降水量和频次呈弱增长趋势并且自东南向西北呈阶梯性递减的特征;曹瑜等(2017)指出,青藏高原夏季极端降水由东南向西北递减,大值中心位于四川东部和西藏东南部地区,小值中心位于青海西北部;冀钦等(2018)研究指出,青藏高原东部的祁连山地区、柴达木盆地东部、青海湖流域与长江源区极端降水事件将明显增加,高原中西部地区发生强降水的可能性亦增加,而高原东南缘干旱事件将增多。本节基于青藏高原区域 99 个气象站点 1961—2017 年 5—9 月的逐日降水资料,选取 WMO(World Meteorological Organisation)推荐的 10 个极端降水指数,采用累积距平、线性倾向估计、周期分析、相关分析等方法，对青藏高原雨季极端降水事件的时间变化规律和空间分布格局进行系统分析，以期为高原的气候变化、生态环境保护、防灾减灾救灾提供参考依据，为降水预测提供基础资料。

2.5.1 高原雨季极端降水时空变化特征

高原雨季极端降水研究参考世界气象组织气候变化监测和指标专家组定义的10个极端降水指数(Peterson et al. ,2001)，根据其不同的内涵，将这些指数分为总量频率指数、绝对指数、相对指数、极值指数、持续指数(表2.8)。

表2.8 极端降水指数定义

类别	极端降水指数	缩写	定义	单位
总量、频率	降水总量	PRCPTOT	日降水量大于等于1 mm的总降水量	mm
	降水强度	SDII	降水日内降水强度	mm/d
相对指数	强降水量	R95P	日降水量大于第95百分位值的降水总量	mm
	极强降水量	R99P	日降水量大于第99百分位值的降水总量	mm
绝对指数	中雨以上日数	R10	日降水量大于10 mm的总日数	d
	大雨以上日数	R25	日降水量大于25 mm的总日数	d
极值指数	1日最大降水量	RX1	最大的1日降水量	mm
	连续5日最大降水量	RX5	最大的连续5日降水量	mm
持续指数	最长连续有降水日数	CWD	日降水量大于等于1 mm的最长连续日数	d
	最长连续无降水日数	CDD	日降水量小于1 mm的最长连续日数	d

1961—2017年青藏高原雨季10个极端降水指数的时间序列如图2.17所示，除持续指数(CWD最长连续有降水日数和CDD最长连续无降水日数)和相对指数(R95P强降水量和R99P极强降水量)呈不显著下降趋势外，其余6个指数均表现为不同程度的上升趋势，其中SDII降水强度、RX1 1日最大降水量和RX5连续5日最大降水量增加显著，倾向率分别为0.1 mm/(d·10 a)、0.3 mm/10 a、0.5 mm/10 a，均通过0.05的显著性水平，说明近57 a来青藏高原极端降水的强度和极值显著增强增大。

从各极端降水指数的累积距平曲线来看，PRCPTOT雨季降水总量与R10中雨以上日数的年代际变化相似，1998年开始总雨量和中雨以上日数由偏少期转为偏多期，2007年以来增加更明显(图2.17a和图2.17e)。R95P强降水量和R99P极强降水量在20世纪60年代以偏多为主，之后呈波动式变化，2012年开始明显增加，相比较而言，极强降水量增加得更显著(图2.17c和图2.17d)。RX1 1日最大降水量和RX5连续5日最大降水量于2007年明显增强，1961—2006年期间均呈波动式变化

且偏少年份居多，其中 RX5 的增幅明显强于 RX1（图 2.17g 和图 2.17h）。持续指数里，CWD 最长连续有降水日数和 CDD 最长连续无降水日数在 1961—2000 年期间以偏多为主，异常偏干和偏湿年份也较多，进入 21 世纪后小幅下降，说明青藏高原持续干（湿）期没有向更长的时间发展，降水的时间更加集中（图 2.17i 和图 2.17j）。自 2010 年以来 SDII 降水强度和 R25 大雨以上日数亦明显增强增多（图 2.17a 和图 2.17f）。

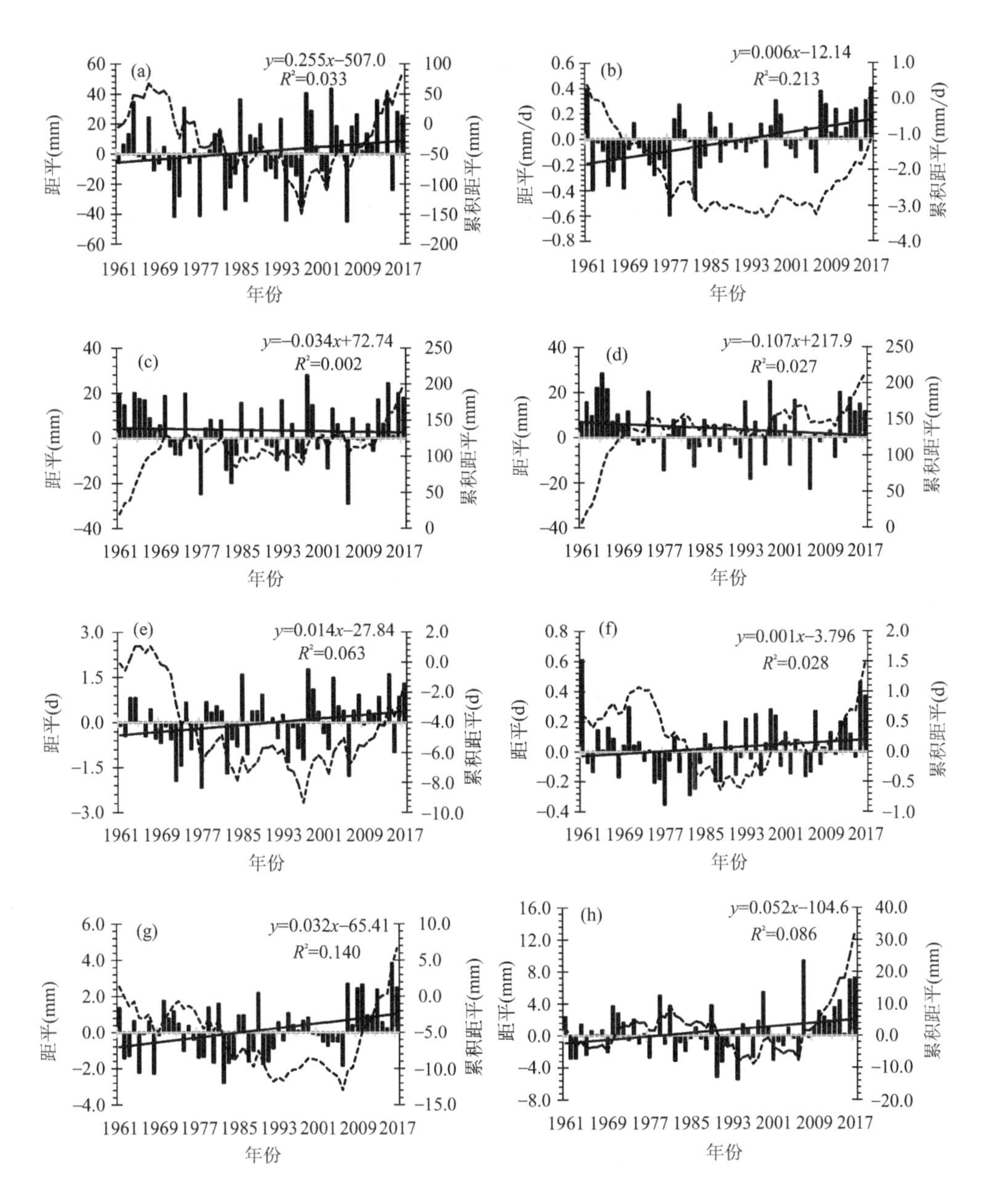

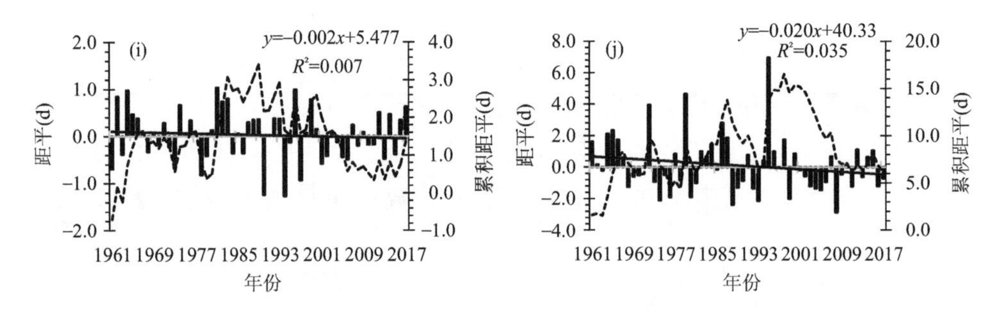

图 2.17　1961—2017 年青藏高原雨季极端降水指数时间变化序列

(a)总降水量;(b)降水强度;(c)强降水量;(d)极强降水量;(e)中雨以上日数;(f)大雨以上日数;(g)1 日最大降水量;(h)连续 5 日最大降水量;(i)最长连续有降水日数;(j)最长连续无降水日数

由于气候系统具有非线性、非平稳性以及层次性,许多大小不一的时间尺度构成了多层次结构,在极端降水指数的长期上升和下降趋势变化中包含了多种变化周期,本研究采用 Wu 和 Huang(2009)提出的集合经验模态分解(EEMD)方法,将不同极端降水指数的时间序列分离成 4 个不同时间尺度分量(IMF1～4)以及一个长期趋势项(RES),计算极端降水指数各分量的平均周期和贡献率,结果表明,所有极端降水指数在年际尺度上普遍存在 3 a 和 4～8 a 的周期,贡献率分别在 45.7%～72.9%、8.9%～27.5%之间,累计贡献率达 58.6%～89.6%;同时大部分指数还存在 10～11 a 及 20～30 a 的周期特征,累计方差贡献率较小(7.5%～21.1%),其中 SDII、R25、RX1 和 RX5 的长期趋势变化对原序列的贡献率仅次于准 3 a 周期振荡(表 2.9)。

表 2.9　1961—2017 年青藏高原雨季极端降水指数 EEMD 分量的平均周期及方差贡献率

极端降水指数	平均周期(a)				贡献率(%)				
	IMF1	IMF2	IMF3	IMF4	IMF1	IMF2	IMF3	IMF4	RES
PRCPTOT	3	5	10	23	72.9	16.7	5.7	1.8	2.9
SDII	3	7	11	29	64.2	9.3	8.1	2.9	16.6
R95P	3	5	10	34	49.8	27.5	8.8	4.3	10.6
R99P	3	5	8	29	47.0	22.4	17.4	4.1	9.1
R10	3	4	10	23	61.2	22.7	10.3	4.7	2.2
R25	3	6	11	31	49.6	8.9	9.5	9.9	22.0
RX1	3	7	11	26	45.7	14.7	9.8	2.0	27.9
RX5	3	5	11	50	52.7	10.5	7.0	7.5	22.3
CWD	3	6	10	20	66.2	17.9	6.3	4.9	5.7

续表

极端降水指数	平均周期(a)				贡献率(%)				
	IMF1	IMF2	IMF3	IMF4	IMF1	IMF2	IMF3	IMF4	RES
CDD	3	6	11	20	56.7	24.8	12.8	1.2	5.6

图2.18为1961—2017年青藏高原雨季10个极端降水指数均值的空间分布，可以看出，青藏高原东南部为雨季降水总量的高值区，降水总量在300～764 mm之间，500 mm以上降水量主要出现在藏东川西地区，而柴达木盆地以及西藏西部降水总量不足100 mm(图2.18a)。高原大部分站点(占总站数的86%)的降水强度在5.1～9.5 mm/d之间，大值区主要集中在高原东部及南部地区(图2.18b)。极强降水量的高值区主要分布在川西北以及甘南一带，局地超过700 mm，而强降水量高值区覆盖范围还包括青海以及西藏个别地区，强降水量超过100 mm(图2.18c和图2.18d)。高原东南部大部分站点的中雨以上日数在10.0～27.8 d之间，大雨以上日数为1.0～5.4 d，藏东川西最多(图2.18e和图2.18f)。除高原西北部的部分站点外，高原大部地区的1日最大降水量和连续5日最大降水量在25.0 mm和50.0 mm以上，主要集中在东南部(图2.18g和图2.18h)。高原80%区域的最长连续有降水日数在5.0～13.4 d之间，南部部分站点甚至超过10.0 d；各地最长连续无降水日数在7.6～69.7 d之间，其中柴达木盆地以及西藏西部的个别站点超过30.0 d(图2.18i和图2.18j)。

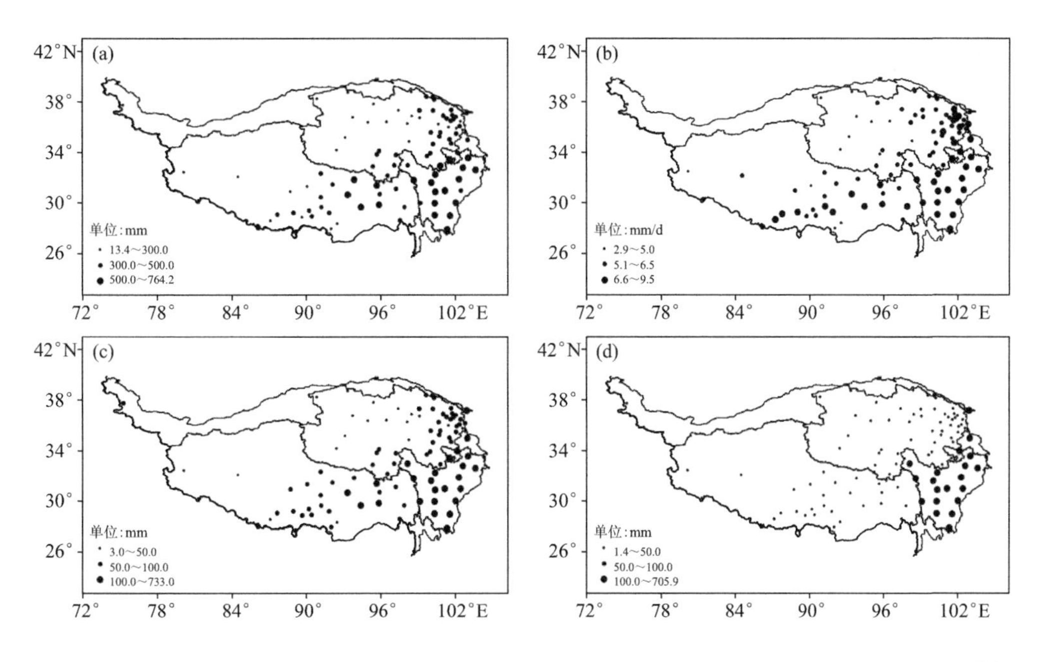

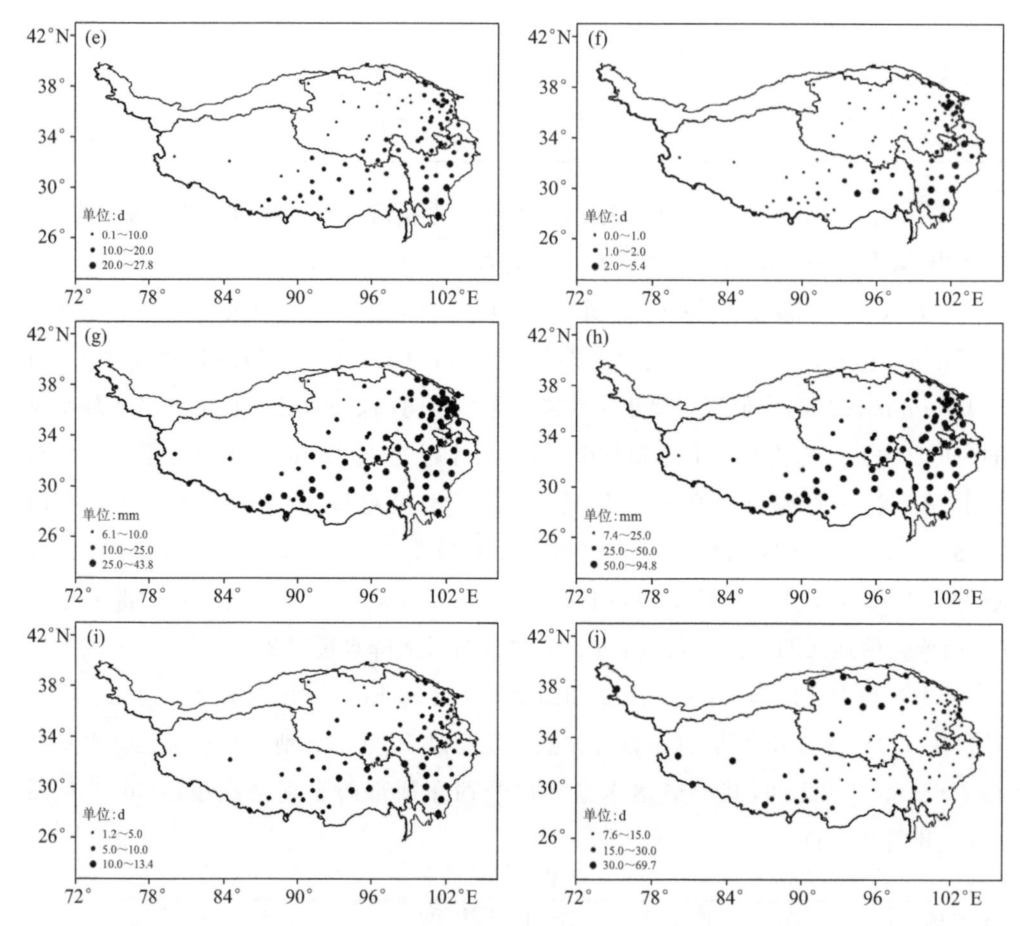

图 2.18　1961—2017 年青藏高原雨季(5—9 月)极端降水指数均值的空间分布

(a)总降水量;(b)降水强度;(c)强降水量;(d)极强降水量;(e)中雨以上日数;(f)大雨以上日数;(g)1 日最大降水量;(h)连续 5 日最大降水量;(i)最长连续有降水日数;(j)最长连续无降水日数

从青藏高原 10 个极端降水指数 1961—2017 年雨季气候倾向率的空间分布,可以看出,高原大部分区域(占总站数的 74%)降水总量呈增加趋势,显著增加的区域主要集中在北部、西藏中西部以及四川的康定等地,占总站数的 24%,倾向率在 8.7~21.7 mm/10 a 之间(图 2.19a)。大部分站点(占总站数的 81%)的降水强度均表现出增加趋势,其中显著增加的站数达 29%,主要分布在高原东北部、川东南以及西藏南部,青海东南部及西藏中东部个别站点的降水强度显著减弱(图 2.19b)。研究区大部分站点的强降水量和极强降水量均表现为增加趋势,其中通过显著性检验的站数有 20%,倾向率在 2.0~21.0 mm/10 a 之间,主要分布在高原北部、西南部及东南边缘一带,显著减少的区域主要位于东部和青南藏北的个别站点(图 2.19c 和

图 2.19d)。高原大部分区域的中雨和大雨以上日数呈上升趋势变化,显著增加的站数分别为 20%和 11%,主要分布在高原东北部和南部区域(图 2.19e 和图 2.19f)。1日最大降水量整体以上升趋势为主,较为明显的地区主要位于东北部和西南部以及四川局地,占总站数的 10%~20%,西藏个别站点的 1 日最大降水量呈显著减少趋势变化,而连续 5 日最大降水量显著减少的站点主要体现在青海南部边缘(图 2.19g 和图 2.19h)。在整个研究区最长连续有降水日数增加和减少的区域各占一半,显著变化的站点不足 10%,其中东南部以减少趋势为主(图 2.19i);高原最长连续无降水日数主要以下降为主,减少趋势占总站数的 62%,显著减少的比例为 13%,东南大部分区域以上升趋势为主,局地上升趋势明显(图 2.19j)。不难看出,最长连续无降水日数的变化幅度明显大于最长连续有降水日数,而且最长连续无降水日数减少趋势的范围比最长连续有降水日数增加趋势变化的范围大。

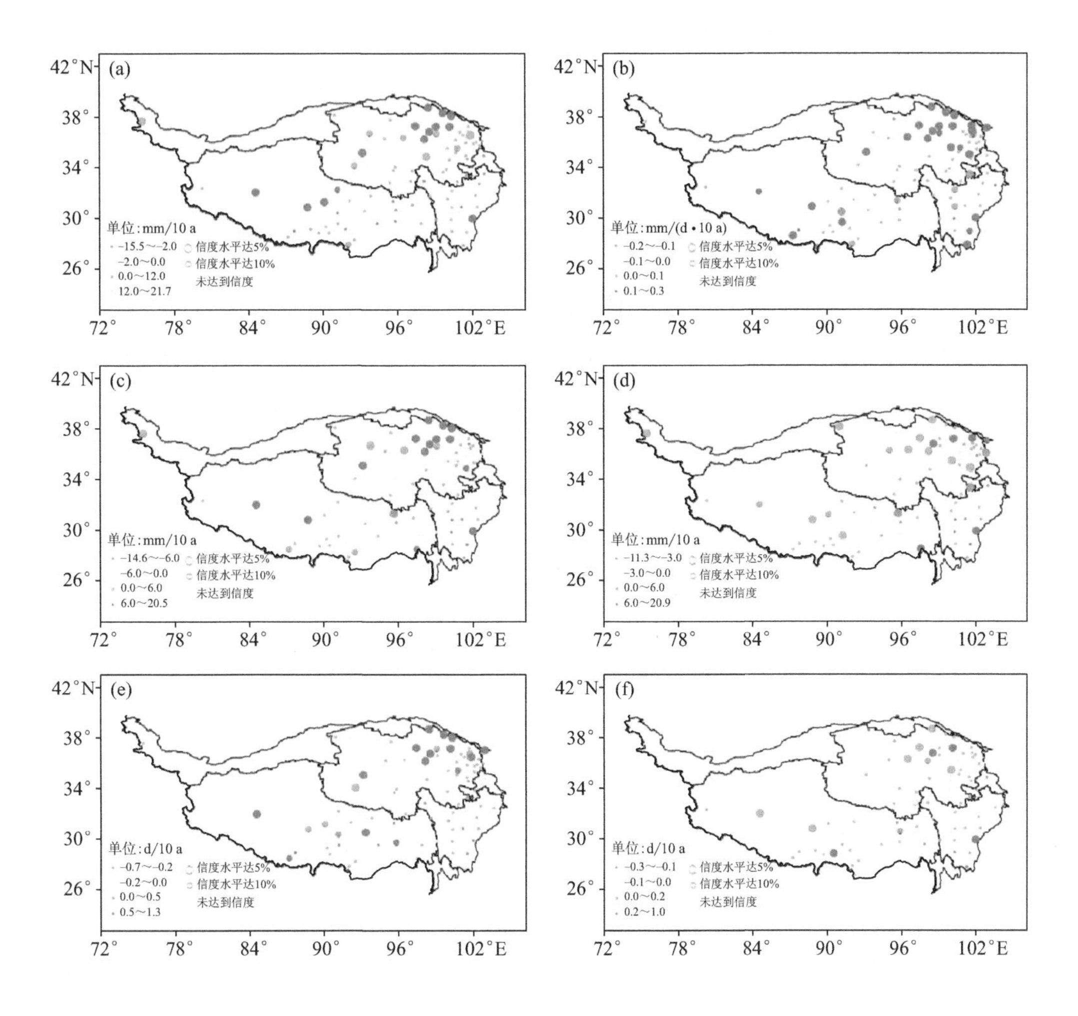

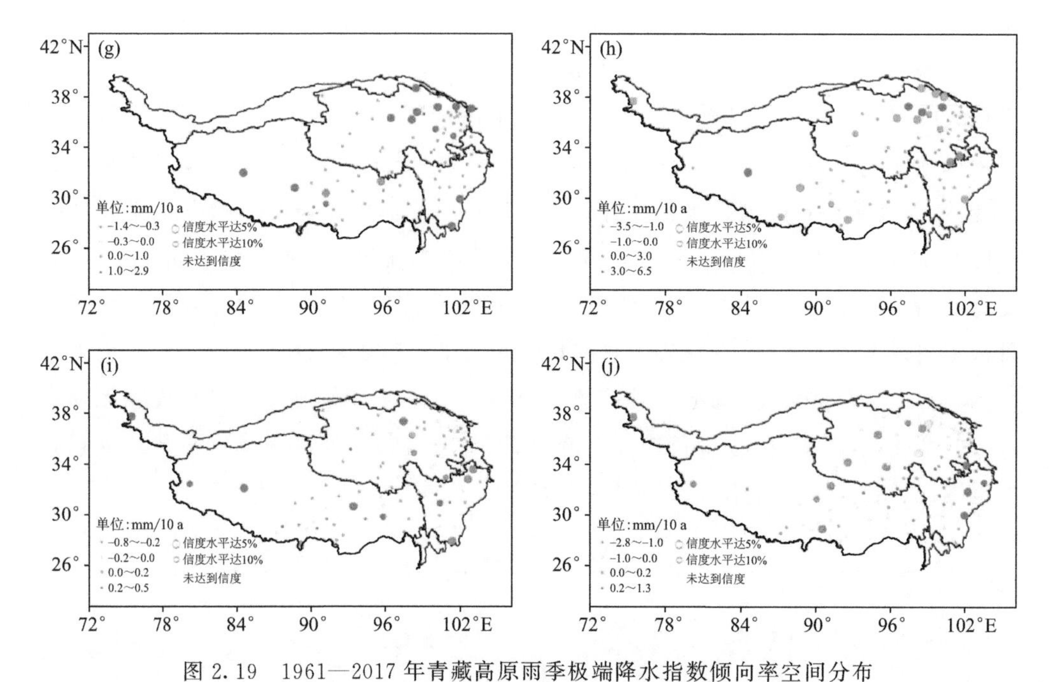

图 2.19 1961—2017 年青藏高原雨季极端降水指数倾向率空间分布

(a)降水总量;(b)降水强度;(c)强降水量;(d)极强降水量;(e)中雨以上日数;(f)大雨以上日数;(g)1 日最大降水量;(h)连续 5 日最大降水量;(i)最长连续有降水日数;(j)最长连续无降水日数

2.5.2 地形对雨季降水极端的影响

总体来看,除最长连续无降水日数外,其余指数均表现出从东南向西北递减的变化规律。进一步计算各极端降水指数与气象站点经纬度的相关系数,可以得出,除持续指数外,各极端降水指数与经度和纬度分别呈显著正相关和显著负相关关系,相关系数在±0.3~±0.6 之间且通过 0.01 的显著性水平。对于持续指数,最长连续无降水日数与经度显著负相关,相关系数为−0.59,主要呈经向分布特征;最长连续有降水日数与纬度显著负相关,相关系数为−0.67,主要呈纬向分布特征。这也表明,青藏高原暖湿季节降水总量、频率、强度、极值均由西向东、由北向南增强增多,最长连续无降水日数由西向东递减,最长连续有降水日数由北向南递增。

各极端降水指数与海拔高度的关系较为复杂,经计算,降水强度、大雨以上日数两个指数与海拔高度呈显著负相关关系,最长连续有降水日数与海拔高度呈显著正相关关系。图 2.20 为以上三个指数与海拔高度的散点相关图,可以看出,除柴达木盆地西北部站点的降水强度较小且随海拔高度的增加而增强,其余大部分站点降水强度随海拔高度的增加而减弱,海拔高度每上升 100 m,降水强度减小 0.06 mm/d(图 2.20a);高原大部分站点的大雨以上日数随海拔高度的升高而显著减少,平均每

升高 100 m 减少 0.03 d(图 2.20b)；与降水强度和大雨以上日数不同，最长连续有降水日数随海拔的升高而增加，平均每上升 100 m 增加 0.13 d(图 2.20c)。

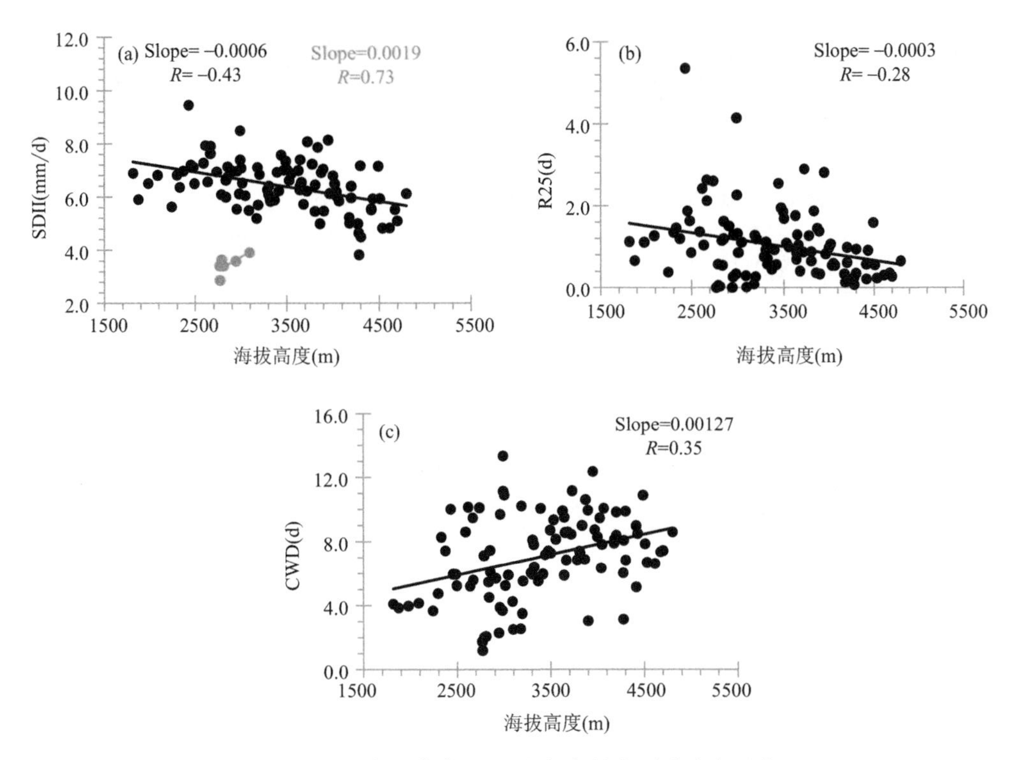

图 2.20　1961—2017 年青藏高原 99 个气象站点雨季降水强度 SDII(a)、大雨以上日数 R25(b)、最长连续有降水日数 CWD(c)与海拔高度的散点相关

进一步验证地理因子对极端降水指数倾向率的变化产生的影响，经计算，除最长连续无降水日数外，其余指数的倾向率与经纬度、海拔高度的相关系数均不显著。而最长连续无降水日数倾向率与经度呈显著正相关，与海拔高度显著负相关，相关系数分别为 0.45 和－0.3，均通过 0.01 显著性检验，回归分析也表明，经度每向东移 10 度，倾向率增加 0.59 d/10 a，海拔每升高 100 m，倾向率减小 0.03 d/10 a，说明最长连续无降水日数倾向率从西向东递增，由低向高递减(图 2.21)。

2.5.3　极端降水与海温的联系

对各极端降水指数进行相关性分析，结果表明，CWD 与 SDII、R25、RX1，R99P 与 SDII、RX1 相关性不显著，其余大部分指数之间均呈显著正相关关系(表 2.10)。而且除 CDD 外的所有指数与 PRCPTOT 呈显著正相关，其中 R10 与 PRCPTOT 的相关系数在 0.9 以上，说明高原极端降水事件具有一致性，总降水量增加，极端降水

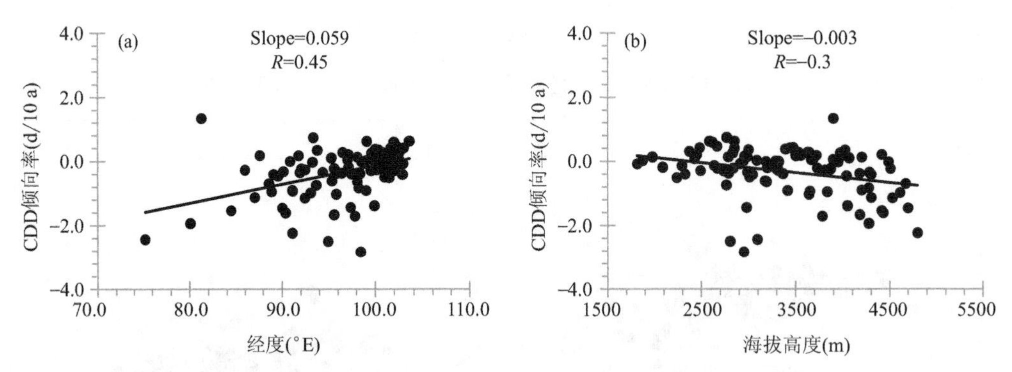

图 2.21　1961—2017 年青藏高原 99 个气象站点雨季最长连续无降水日数 CDD 气候倾向率(d/10 a)与经度(a)、海拔高度(b)的散点相关

的频率、强度、极值也增加，而且 R10 与 PRCPTOT 相关程度最高。

表 2.10　1961—2017 年青藏高原地区雨季极端降水指数之间及其同 Nino3.4、PDO、AMO 指数的相关系数

相关系数	PRCPTOT	SDII	R95P	R99P	R10	R25	RX1	RX5	CWD	CDD
PRCPTOT	1	—	—	—	—	—	—	—	—	—
SDII	0.480**	1	—	—	—	—	—	—	—	—
R95P	0.810**	0.469**	1	—	—	—	—	—	—	—
R99P	0.698**	0.166	0.906**	1	—	—	—	—	—	—
R10	0.940**	0.605**	0.758**	0.608**	1	—	—	—	—	—
R25	0.415**	0.706**	0.674**	0.471**	0.420**	1	—	—	—	—
RX1	0.340**	0.680**	0.413**	0.196	0.290*	0.716**	1	—	—	—
RX5	0.487**	0.604**	0.525**	0.354**	0.444**	0.624**	0.778**	1	—	—
CWD	0.451**	−0.17	0.338*	0.432**	0.299*	−0.013	0.066	0.344**	1	—
CDD	−0.255	0.005	0.023	0.128	−0.222	0.149	0.085	0.054	−0.036	1
Nino3.4	−0.369**	−0.181	−0.267*	−0.165	−0.295*	−0.135	−0.294*	−0.318*	−0.191	0.180
AMO	0.365**	0.442**	0.233	0.139	0.405**	0.348**	0.311*	0.263*	−0.037	−0.056
PDO	−0.107	−0.002	−0.113	−0.109	−0.031	−0.062	−0.103	−0.024	0.078	0.071

注：**、* 分别表示相关系数通过了 99%、95% 显著性检验。

众多研究表明海洋振荡因子中的厄尔尼诺-南方涛动(ENSO)、太平洋年代际振荡(PDO)、大西洋多年代际振荡(AMO)是影响全球陆地降水空间分布格局的主要因素(华丽娟和马柱国，2009；Ting et al.，2011；Dai，2013)，同时由于青藏高原生态环境脆弱，对全球海洋调节器的响应异常敏感。为了讨论极端降水事件与海温模态的联系，我们计算了 1961—2017 年青藏高原不同极端降水指数序列与 Nino3.4、PDO、AMO 指数的相关性(表 2.10)，可以看出，PDO 指数与各极端降水指数以负相关为

主但未通过显著性检验，AMO 指数与降水总量频率指数、绝对指数和极值指数显著正相关，Nino3.4 指数与 PRCPTOT、R95P、R10、RX1、RX5 呈显著负相关关系，可见，青藏高原雨季极端降水与 AMO 和 Nino3.4 联系密切。进一步计算极端降水指数序列不同时间尺度的分量与 Nino3.4 、AMO 指数的相关系数，可以得出，总量频率指数、绝对指数、极值指数与 Nino3.4 指数的显著负相关性表现在以 3 a 为主周期的年际尺度上，而与 AMO 指数的显著正相关性主要反映在多年代际时间尺度上。由图 2.22a 和图 2.22b 可以看出，PRCPTOT、R10、RX1、RX5 的准 3 a 周期振荡与 Nino3.4 指数呈反相变化，即 Nino3.4 区海温偏低时，极端降水总量、中雨以上日数以及降水极值偏多偏大。由图 2.22c 和图 2.22d 可以看出，20 世纪 90 年代中后期开始 AMO 指数由冷位相转为暖位相，相应地 PRCPTOT 和 R10 在多年代际时间尺度上的变化表现为偏多特征，R25、RX1、RX5 进入 21 世纪后增多增强；另外，SDII 的多年代际振荡与 AMO 指数具有非常相似的演变特征，其相关程度高达 0.7。可见，AMO 和 ENSO 在青藏高原雨季极端降水变化中扮演着重要的角色。

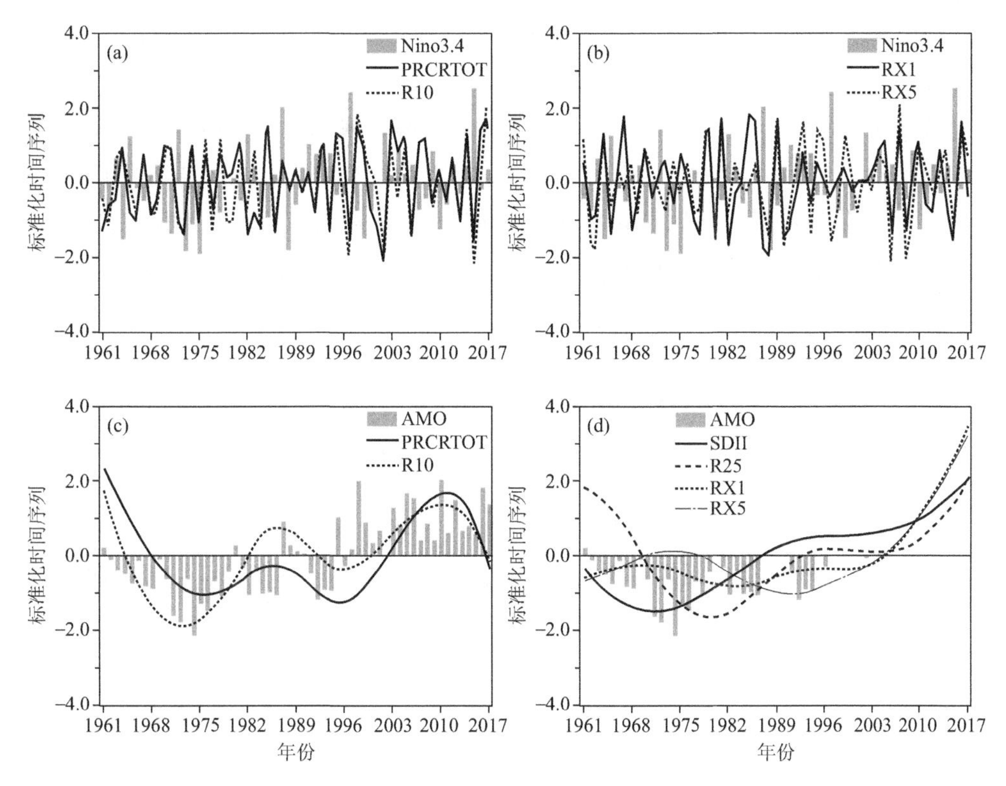

图 2.22　1961—2017 年青藏高原雨季极端降水指数的准 3 a 周期振荡与 Nino3.4 指数(a、b)以及极端降水指数的多年代际变化与 AMO 指数(c、d)的标准化时间序列

2.6 气候增暖背景下高原雨季变化特征

气候变暖是目前的热点问题之一，气候变暖与环境变化及人类活动密切相关。有研究表明，较高纬度地区的变暖要比低纬度地区明显，而陆地则比海洋的变暖显著。青藏高原作为世界上最高、最年轻的高原，其气候和自然环境非常独特，因此青藏高原升温效应比其他地区更为显著，是气候变化的敏感区域。李晓英等(2016)、黄一民(2007)研究得出高原降水季节分布极不均匀，雨季(5—9月)降水量占全年总雨量80%以上，尤其在高原腹地雅鲁藏布江流域甚至可达90%以上，可见，高原雨季是高原地区一年中非常重要的阶段，关注高原雨季是研究高原气候的一项重要内容。本节在探讨青藏高原雨季起讫期及降水时空分布特征的基础上，对气候变暖背景下青藏高原雨季降水的新特征进行研究，为研究青藏高原气候变化的特征及规律奠定基础。

图2.23a为1961—2017年高原雨季降水量变化曲线，可以看出高原雨季降水量总体呈增加趋势(增长率3.4 mm/10 a)，雨量在324.4～419.1 mm之间波动。年代际变化显示有两次明显的增长，分别在进入20世纪80年代和进入21世纪后，自60年代降水量大幅下降后，在21世纪前后雨量回升至20世纪60年代的水平。降水距平百分率是反映降水量较常年值(1981—2010年)的增减，而对其进行逐年累加则可以看出降水变化的整体趋势。图2.23b对降水距平百分率进行逐年累计，可以发现1997年前累积降水距平百分率呈减少趋势，而1997年后则开始逐渐增加，说明1997年前雨季降水量低于常年值的年份较多，而1997年后大多数年份降水量高于常年值，因此可以将1997年作为高原雨季降水量开始变多的一个转折点。

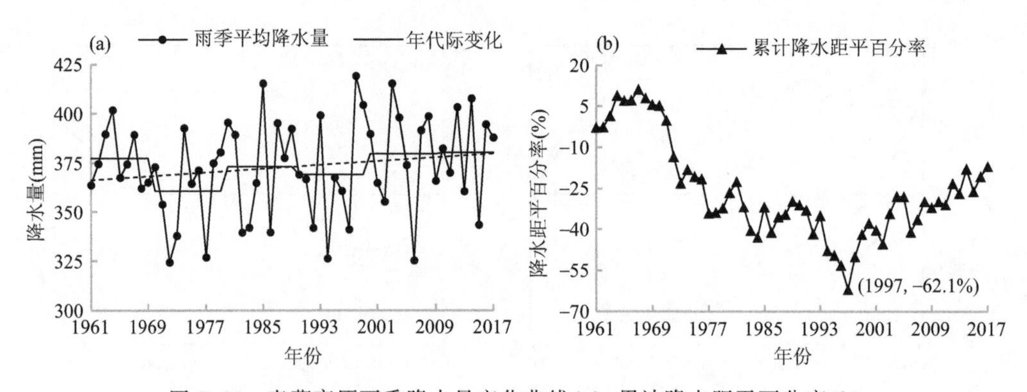

图2.23 青藏高原雨季降水量变化曲线(a)、累计降水距平百分率(b)

高原雨季各地降水量差异明显，图2.24a为1961—2017年高原雨季平均降水量

的空间分布，由图可知降水量由东南至西北逐渐递减，最多的地区达 750 mm 左右，而最少的地区仅有 15 mm。以青海、四川及西藏三省交界处附近 400 mm 降水量等值线为界，高原东南部为降水量最多的区域，且大部分地区雨量均在 500 mm 以上，而青海柴达木盆地及西藏西部地区的降水量相较高原其他区域较少，其中柴达木盆地更是常年干旱区域，降水量仅有 111 mm。从高原雨季各站降水量变化趋势分布情况(图 2.24b)来看，青藏高原降水量变化幅度在－16.9～25.8 mm/10 a 之间，大部分地区降水量呈增多趋势，在 95%显著性水平下，西藏中部及青海环湖地区增幅较显著，均达到 10 mm/10 a 以上，而降水量较多的东部小范围区域其变化趋势则呈减少趋势。

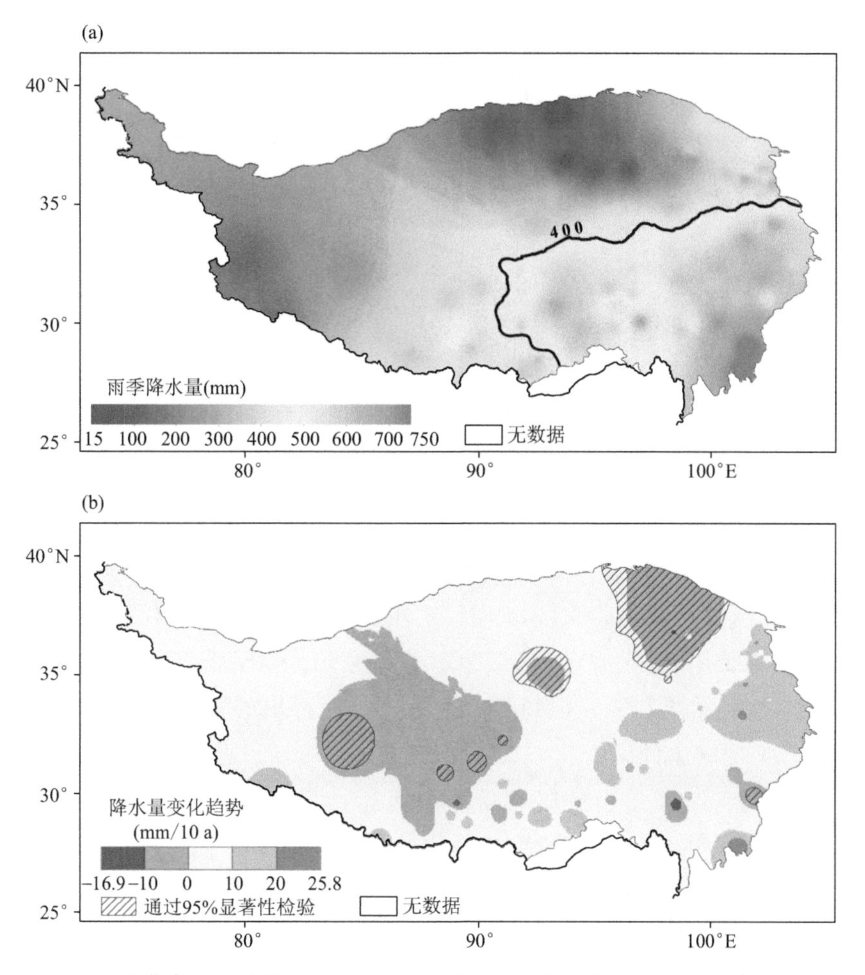

图 2.24　(a)青藏高原雨季降水量；(b)变化趋势空间分布(阴影区通过 95%显著性检验)

图 2.25 所示为高原雨季期间逐日平均降水量(5 月 11 日—9 月 30 日),高原雨季日均降水量变化范围在 1.4～3.6 mm 之间,平均值为 2.6 mm。从变化趋势可以看出,6 月 16 日后日雨量基本大于平均值,而到 9 月 9 日后雨量逐渐减少至低于平均值,因此雨季降水主要集中在该时段内,雨季日降水量最大值出现在 7 月 27 日(3.6 mm),最大值前后降水量波动较大。从日均降水量 11 d 滑动平均变化趋势来看,逐日降水量有一个比较明显的"先升后降"波动和两个小幅波动,第一个峰值出现在 7 月 8 日,降水量为 3.4 mm,随后两个峰值出现在 7 月 28 和 8 月 21 日,雨量分别为 3.1 mm 和 3.0 mm,由此看出第一个峰值强度相对较强,是雨季降水的主峰期,而随后两个峰值则逐渐减弱。

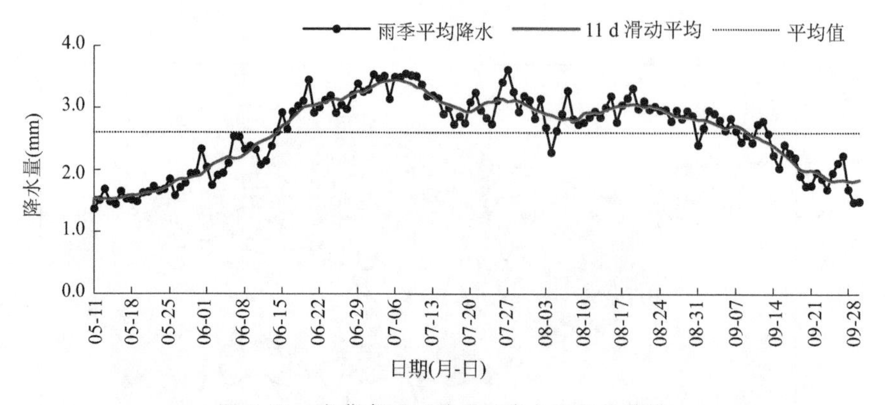

图 2.25　青藏高原雨季逐日降水量变化曲线

随着气候变暖,20 世纪 90 年代后青藏高原明显增暖,平均气温与最高气温均发生突变现象。对于青藏高原雨季的气温变化情况,将雨季平均气温与常年值(1981—2010 年)相比较,并对气温距平进行逐年累计,得到 1961—2017 年青藏高原雨季累计气温距平变化曲线(图 2.26)。由图可以看出,90 年代以前累积距平曲线持续下降,直至 1997 年后开始回升,由此表明,1997 年是青藏高原气温开始回暖的转折年,这一结果与丁一汇和张莉(2008)研究得出的青藏高原气温在 1996—1998 年出现突变现象的结论相一致,同时,赵金鹏(2019)也发现青藏高原 1998 年前较冷年份多而 1998 年后较暖年份多。因此这里以 1997 年为界,对比变暖前(1961—1996 年)及变暖后(1997—2017 年)两时段雨季特征的年代际差异,分析高原雨季变化对气候增暖的响应特征,针对雨季起讫期、主峰期及不同等级降水日数等指标进行讨论。

图 2.27a 所示为变暖前后高原雨季平均逐候降水量变化曲线,将变暖前后的逐候降水量与对应 72 候平均降水量进行比较,发现变暖前后 72 候平均降水量相差较

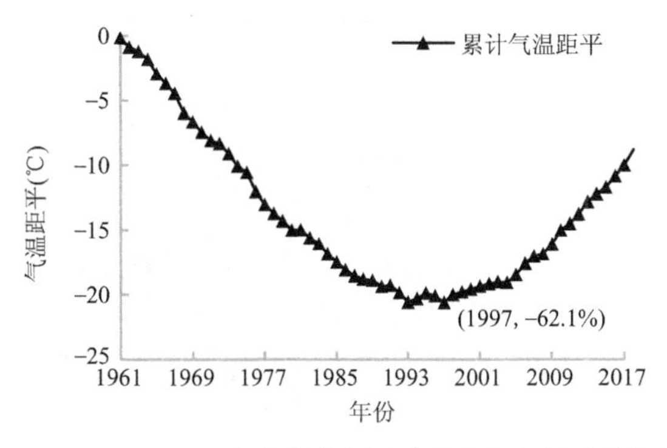

图 2.26　1961—2017 年青藏高原雨季累计气温距平变化曲线

小，分别为 6.2 mm 和 6.5 mm，且变暖前后的各候降水量也较为接近，因此变暖前后稳定通过(小于)相应 72 候平均降水量的候数均为 27 候、55 候，由此得出变暖前后高原雨季开始、结束日期均为 27 候、55 候，雨季起讫期没有明显变化。

通过对青藏高原各站点变暖前后雨季开始、结束候相减得到雨季开始、结束候差值的空间分布情况(图 2.27b、c)，其中正值表示变暖后日期提前，负值表示变暖后日期推迟。从图中可以看出变暖后雨季开始候除在高原最西部明显推迟外，其余大部分地区提前，其中 54 个站点提前 1～2 候，提前最明显的地区在西藏中部及青海三江源小范围区域，均提前 3 候以上(图 2.27b)。变暖后雨季结束候则总体呈推迟趋势，其中青海柴达木盆地推迟最为明显，大柴旦及冷湖区域分别推迟 8 候、5 候，其余地区则推迟 1～2 候，而高原西部及西藏南部结束候微弱提前，最多提前 2 候左右(图 2.27c)。因此变暖后高原雨季开始候在空间上多为提前，而结束候则多为推后。

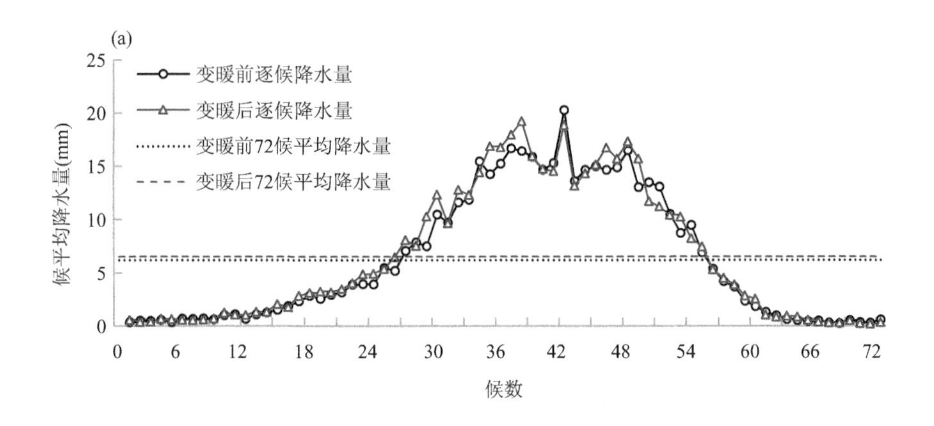

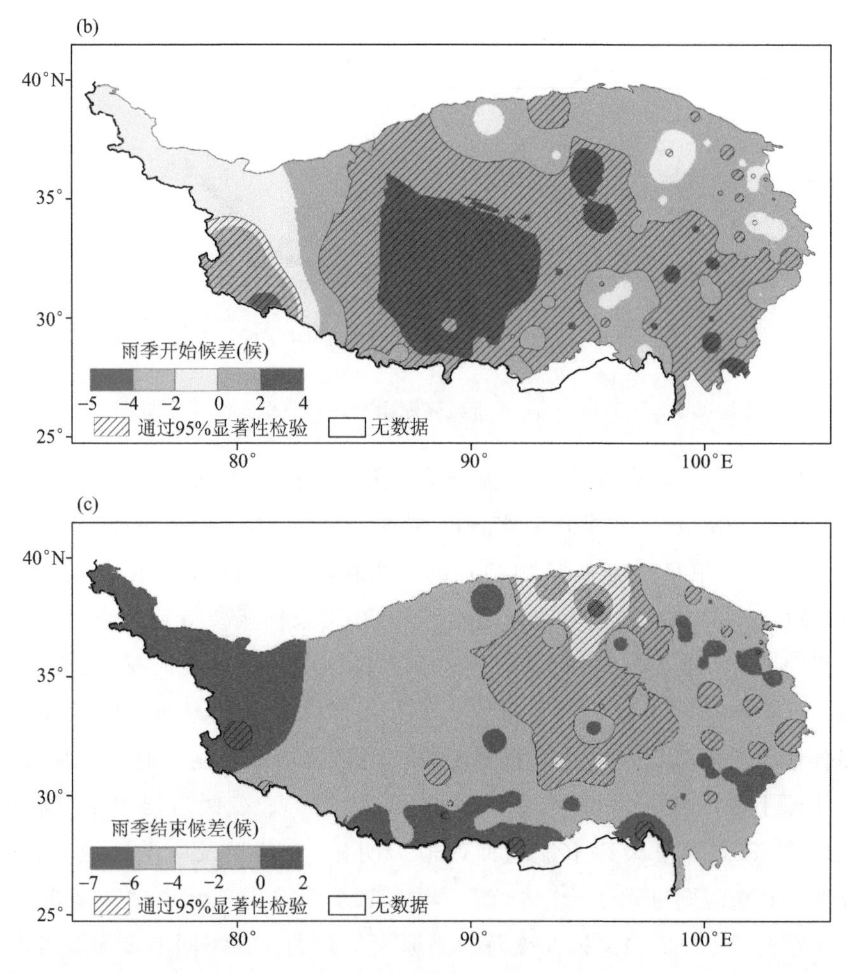

图 2.27 气候变暖前后青藏高原雨季平均逐候降水演变曲线(a)及开始候差值(b)、结束候差值(c)空间分布(阴影区为通过 95%显著性的差值 t 检验)

通过对变暖前后高原雨季日均降水量 11 d 滑动平均变化曲线(图 2.28)的分析显示,变暖前后雨季均呈现出 3 个起伏变化。变暖前高原雨季前两个峰较接近,峰值分别在 7 月 11 日及 7 月 26 日前后,且两峰值的强度差异不大,而第三个峰值则出现在 9 月 8 日,距离前两个峰较远,强度也大幅减弱。而变暖后的趋势与之相比,第一个峰值出现在 7 月 8 日前后,与变暖前接近,但强度更强,第二、三个峰则连接在一起,峰值分别出现在 8 月 21 日及 9 月 3 日,第二个峰值与变暖前相比推后但强度相当,第三个峰值则相较变暖前提前且强度变强。雨季峰值的变动对高原气候暖湿化具有明显响应,这可能和海温等外强迫信号及大气环流的年代际变化具有一定联系。

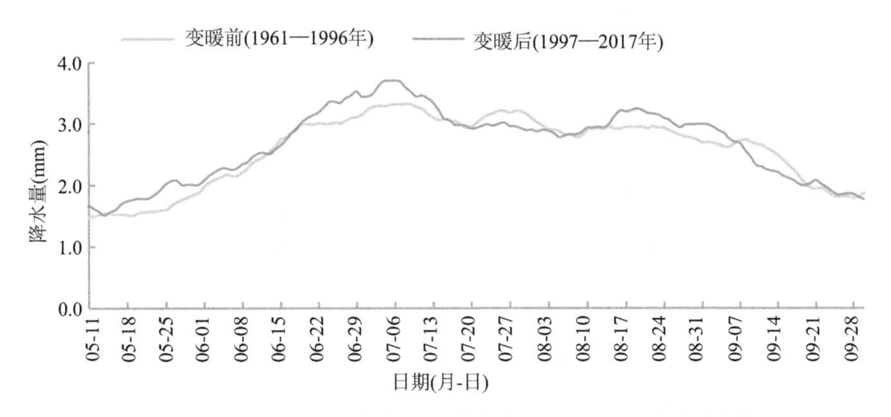

图 2.28　变暖前后青藏高原雨季降水逐日 11 d 滑动平均曲线

不同等级降水日数的多少可以体现雨季降水的强度，由于青藏高原大雨及暴雨日数较少，因此累计各站对应降水日数，而小雨、中雨日数则是统计各站平均降水日数。1961—2017 年青藏高原雨季平均小雨、中雨日数分别为 65.7 d、10.3 d，平均累计大雨、暴雨日数分别为 108.8 d、3.9 d，除小雨日数呈减少趋势外，中雨、大雨及暴雨日数均呈增加趋势（图 2.29a、b）。将变暖前后各等级降水日数与相应 1961—2017 年平均值比较并计算距平百分率（图 2.29c），结果显示小雨日数变暖前距平百分率相较变暖后略高，而中雨、大雨及暴雨日数变暖前距平百分率均低于变暖后，其中小雨及中雨日数变暖前后距平百分率相差较小，分别为 3.6%、4.8%，而大雨及暴雨日数相差较大，尤其是暴雨日数的距平百分率变暖前后相差 41.4%。由此得出，除小雨日数为变暖前略高于变暖后外，中雨、大雨、暴雨日数均是变暖后较多，同时小雨和中雨日数变暖前后差距较小，但大雨及暴雨日数变暖前后相差较大，因此可以看出变暖后高原雨季降水强度要强于变暖前，极端降水在变暖后加剧。

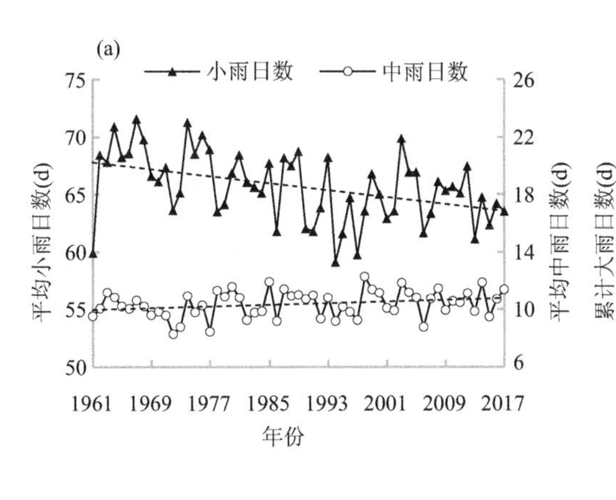

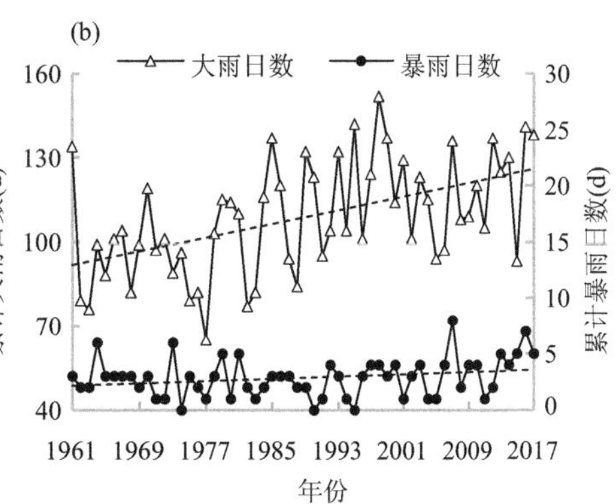

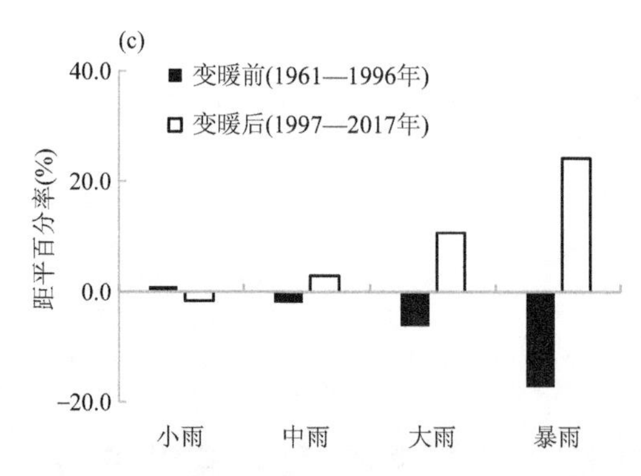

图 2.29　青藏高原雨季平均小雨及中雨日数(a)、
累计大雨及暴雨日数(b)和变暖前后不同雨强日数变化(c)

图 2.30 给出高原雨季变暖前后不同等级降水日数差值的空间分布，图中正值表示变暖后雨日增加，负值表示变暖后雨日减少。变暖后高原东部及西藏南部平均小雨日数减少，其余地区增多，其中西藏安多、改则地区平均小雨日数增多 4 d 以上(图 2.30a)；变暖后平均中雨日数在大部分地区明显增多，普遍增加 1～3 d，在青海柴达木盆地增多较微弱，而青海中东部及四川北部部分区域则减少 1～2 d(图 2.30b)；变暖后平均大雨日数在四川德格、青海东部及果洛、西藏东部小范围区域减少，而在四川南部、青海东北部零星区域明显增多，其余地区则微弱增加(图 2.30c)；平均暴雨日数变暖后在西藏波密地区明显减少，在青海中部地区微弱减少，其余大部分地区微弱增多(图 2.30d)。由上述分析可知，青藏高原雨季增暖后除小雨日数在大部分地区减少外，中雨、大雨、暴雨日数均大面积增多，由此得出变暖后高原雨季降水强度加剧的现象在空间覆盖范围上有所扩大。

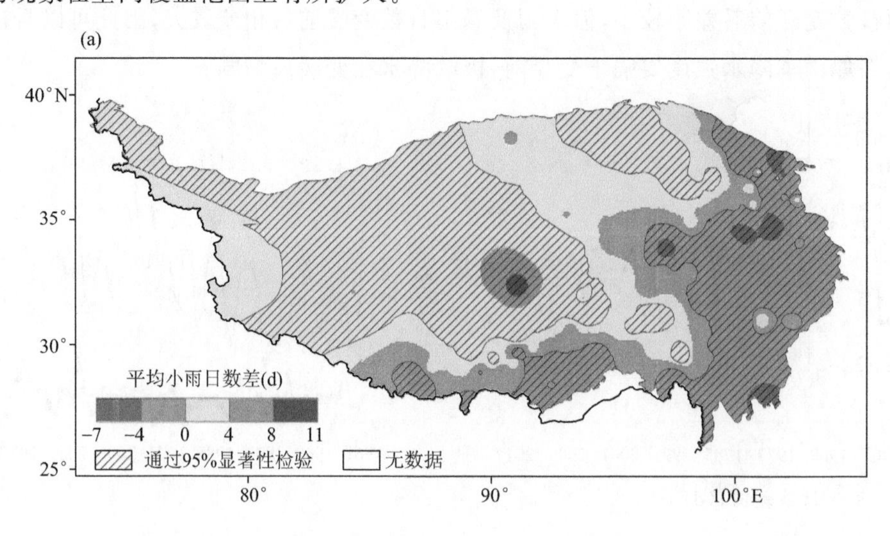

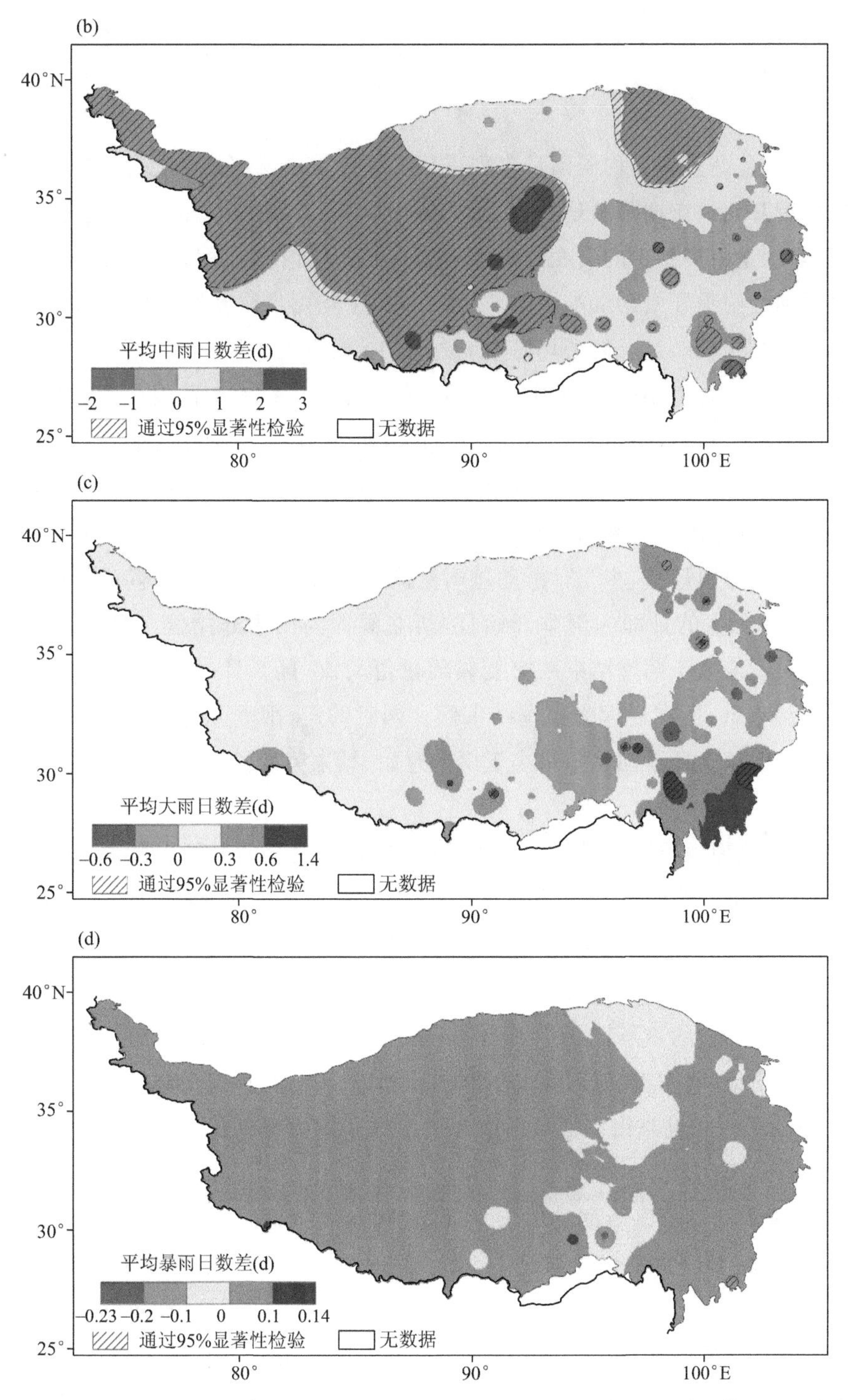

图 2.30　(a)变暖前后青藏高原雨季平均小雨日数差值；(b)平均中雨日数差值；(c)平均大雨日数差值；(d)平均暴雨日数差值(阴影区为通过 95%显著性的差值 t 检验)

2.7 小结

(1)利用各站多年平均候雨量序列进行气候突变检验，利用突变候候雨量值确定了各地雨季开始结束期降水量的标准，即春季降水量由少到多的突变候为雨季开始候，秋季降水量由多到少的突变候为雨季结束候。根据 30 a 平均候降水量序列突变检验法得到的雨季开始期基本居于 72 候、36 候平均雨量法开始期之间，结束期与 36 候雨量标准结果较一致。候平均降水量序列 10 候滑动 t 检验法得到的雨季开始和结束期的候雨量并不相同，一般雨季开始期候雨量大于结束期候雨量，原因是秋季降水日数明显多于春季，虽然秋季日均降水量较少，但雨季并没有结束，雨季结束期的突变点滞后，因此也是合理的。比较结果表明，候平均降水量滑动 t 检验方法也能更客观、准确地判定雨季的开始期和结束期。对于单站每年雨季开始、结束日的判断，采用 5 日滑动总雨量值，将 5 日滑动总雨量值大于雨季开始期突变候雨量值阈值，且 5 日中降水量最大的日即为雨季开始日，所在候即为雨季开始候。全年最后一个 5 日滑动总雨量值大于雨季结束期突变候雨量值阈值，且 5 日中降水量最大日的次日作为雨季结束日，所在候即为雨季结束候。同时约定，雨季开始日之后，雨季结束日之前不能有连续 5 日滑动总雨量小于雨季开始、结束突变候候雨量值，以消除个别大降水日影响。

(2)青藏高原雨季开始最早的地方是藏东南、滇西北的横断山脉中西部，出现在 3 月下旬至 4 月上旬，次早区为青藏高原东缘区，一般在 4 月下旬至 5 月下旬，最晚进入雨季的区域在广袤的青藏高原西部(90°E 以西)和青海柴达木盆地西北部，6 月上中旬才进入雨季。青藏高原雨季结束期与开始期正好相反，青藏高原西部和柴达木盆地北部雨季结束的最早，9 月上中旬雨季结束，青藏高原中部大部分地区 10 月上旬雨季基本结束，藏东南、滇西北的横断山脉西部、青藏高原东部和南部边缘地区，在 10 月中下旬雨季相继结束。西藏东南部是青藏高原雨季最长的地方，高原西部边缘和柴达木盆地西北部是青藏高原雨季最短的地方。

(3)青藏高原雨季开始期整体上呈现提前趋势，结束期为推迟趋势，在年代际尺度上 21 世纪前 17 a 雨季开始期较 20 世纪 60—70 年代提前 3～10 d，雨季结束期无明显年代际变化，其中雨季开始期在 2002 年发生显著突变。在空间分布上，高原中部大部分地区雨季开始期提前趋势最为明显，雨季开始期每 10 a 提前 3～5 d，雨季结束期推迟趋势最为明显的区域在西藏东北部和四川的西北部，高原西部的狮泉河、青海东北部少部分站点和西藏左贡雨季结束期呈微弱提前趋势。经纬度和海拔高度

对雨季起讫期的影响不明显，但对雨季降水量的分布起着决定性的作用。

(4)1961—2017 年，青藏高原雨季降水强度、1 日最大降水量、连续 5 日最大降水量显著增加，进入 21 世纪后降水向强雨量雨日更多、强度更强、极值更大、时间更集中的方向发展；极端降水指数普遍存在 3 a、4～8 a、10～11 a、20～30 a 以及更长时间尺度的周期变化，准 3 a 周期振荡对极端降水的贡献率最大；各极端降水指数之间联系密切，中雨以上日数与雨季降水总量的相关性最好；东北及西南部极端降水事件增加最显著，持续指数倾向率空间差异大，其中最长连续无降水日数倾向率从西向东、由高向低递增；北大西洋多年代际振荡和厄尔尼诺是影响青藏高原极端降水重要的海洋振荡因子，Nino3.4 区海温偏低时，高原雨季降水总量、中雨以上日数以及降水极值偏多偏大；进入 21 世纪后的北大西洋多年代际振荡(AMO)暖位相期，降水总量、强度、中雨日、降水极值偏多偏强偏大。

(5)青藏高原雨季降水量总体呈增加趋势，进入 20 世纪 80 年代和 21 世纪后雨量有两次明显的增长，而在 21 世纪前后雨量回升至 20 世纪 60 年代的水平，高原雨季降水主要集中在 6 月 16 日至 9 月 9 日之间，雨季内降水出现三个峰值，强度依次减弱，以 7 月 8 日峰值前后为主峰期；各地降水量差异明显，整体由东南至西北逐渐递减，降水量整体呈增多趋势；高原雨季气温在 1997 年后回暖，将 1961—1996 年定为变暖前阶段，而 1997—2017 年为变暖后阶段，变暖前后高原雨季平均起讫期无明显变化，但变暖后各站雨季起讫期存在明显的空间差异，开始候总体呈提前趋势，而结束候则多为推迟；变暖前后高原雨季均呈现出 3 个峰值，变暖前高原雨季前两个峰较接近且强度相当，第三个峰值则相距前两个峰较远，强度也大幅减弱，变暖后的趋势与之相比，第一个峰值与变暖前接近但强度更强，第二个峰值与变暖前相比推后但强度相当，第三个峰值则相较变暖前提前且强度变强；高原雨季除小雨日数呈减少趋势外，中雨、大雨及暴雨日数均呈增加趋势，变暖后除小雨日数略低于变暖前外，中雨、大雨、暴雨日数均较多，且小雨和中雨日数变暖前后差距较小，而大雨及暴雨日数变暖前后相差较大，变暖前后各等级降水日数除小雨日数在大部分地区减少外，中雨、大雨、暴雨日数均部分或大面积增加，由此得出变暖后高原雨季降水强度在空间上呈增强趋势。

第3章 高原雨季变化的大气环流特征

目前我国雨季方面的研究主要集中于东部地区，如华南前汛（夏）雨季、长江梅雨、华北雨季、东北雨季及西南雨季，气象学者针对上述雨季的阶段性特征、影响及其形成机制从不同角度开展了大量深入研究（郑彬等，2006；丁一汇等，2007；强学民和杨修群，2008；梁萍等，2010；晏红明等，2013），其成果对提升我国气候预测水平和防灾减灾能力做出了积极贡献。而对高原雨季起讫期及其环流演变特征方面的研究还很缺乏。尤其对雨季来临早晚及其影响机制方面的研究甚少，本章利用NCEP高度场资料，讨论了高原雨季开始和结束的环流形势，以期加深对高原大气环流的认识。

3.1 高原雨季起讫变化及其环流异常特征

图3.1为高原雨季开始期的时空分布图。由图3.1a可见，1961—2017年高原雨季开始期呈逐年提前的趋势，平均每10 a提前2候。经低通滤波后发现，高原雨季开始期具有明显的年代际变化特征，1961—1974年雨季开始期提前趋势更明显，每10 a提前2候，而1974—1983年雨季开始期则逐年推迟，每10 a推迟2候；1983—1990年雨季开始日期又逐渐提前，每10 a提前2.8候；1990—1995年雨季开始日期又进入推迟期，1995年为30.8候，仅次于1966年；1995—2008年又是一次雨季开始日期明显提前阶段，每10 a提前1.7候；2009年之后又呈提前趋势，其中2016年开始日期最早，为27候。

从空间分布来看（图3.1b），青藏高原雨季开始日期大致以33°N为主轴，自东向西逐步推进。高原雨季最早在3月中下旬进入雨季，东南部察隅地区是高原雨季开始最早（16候）的地区。早在夏季风来临前，孟加拉湾地区就有低压出现，西南气流将孟加拉湾水汽输送到该区，雨季开始（章凝丹和姚辉，1984）。高原东部最早在松潘于4月中下旬（22候）进入雨季，整个高原东部于5月下旬进入雨季，它比江淮梅雨要早，然后逐渐向西推移，直至6月中下旬（34～36候）高原西南部雨季才开始，是我国雨季开始最迟的地方，从最早的察隅到最晚的阿里（36候）雨季开始前后相差20

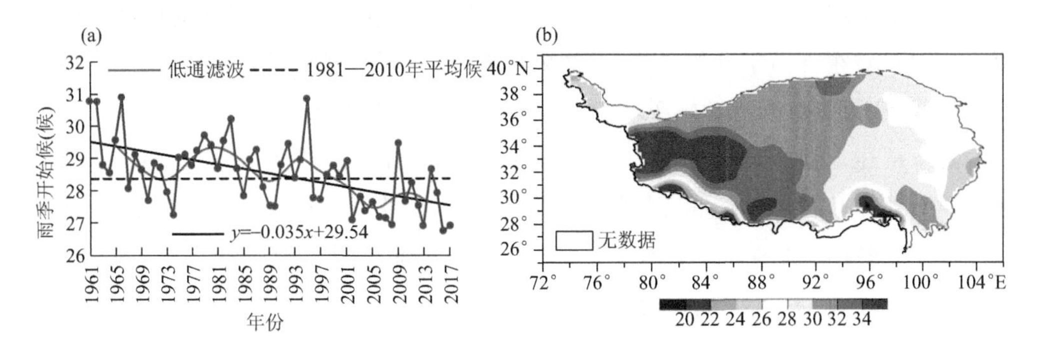

图 3.1　1961—2017 年高原雨季开始候时间序列(a)及空间分布(b)

候，这与文献(徐国昌和李梅芳，1982)的研究结果相一致，相较而言，整体开始日期呈提前趋势。

高原雨季结束期演变特征较开始期波动幅度较小。1961—2017 年高原雨季平均结束候为 54.4 候(9 月 27 日)，接近常年(54.5 候)，雨季结束日期呈微弱推迟趋势。低通滤波结果显示，雨季结束期约存在 4～18 a 的年代际变化特征，1961—1978 年高原雨季结束期波动不大，每 10 a 推迟 0.3 候；1981—1989 年雨季结束期逐年推迟，每 10 a 推迟 1.0 候，1991 年雨季结束最早(52 候)；1991—1998 年雨季结束日期推迟较为明显，每 10 a 推迟约 3 候；2001—2008 年又是雨季结束期明显推迟的阶段，每 10 a 推迟 3 候，2008 年雨季结束最晚(56 候)；2009 年之后结束期呈提前趋势(图 3.2a)。

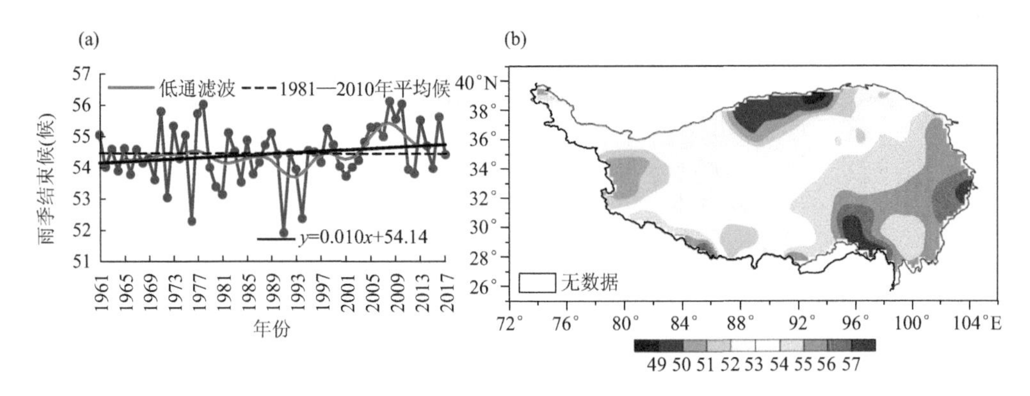

图 3.2　1961—2017 年高原雨季结束候时间序列(a)及空间分布(b)

高原雨季结束期总体自北向南撤退，最早结束于柴达木盆地西北部，于 8 月下旬—9 月上旬就已结束，9 月中下旬(52～53 候)西部雨季先后结束，10 月中上旬(56～57 候)东部结束，高原雨季结束日期空间分布特征同样以 33°N 为主轴，自西向东逐步东退结束(图 3.2b)。因此高原雨季来临是由东向西推进,结束时则由西向东撤退,相应地,东部雨季开始最早,但结束最迟,因而雨季持续时间最长,这与之前的研究结果较类似(章凝丹和姚辉,1984;周顺武和假拉,1999)。

综上所述,高原雨季来临时从高原东南部向西北部不断推进,从边缘向腹地依次推进,但结束时正好相反,是从西北向东南撤退,因此具有"开始早者结束迟,开始迟者结束早"的特点,对应雨季持续期呈现"西部短,东部长,北部短,南部长"的特征。

3.1.1 高原雨季起讫时的环流异常特征

高原雨季起讫受东亚夏季风环流系统建立及演变的影响,首先从环流系统的角度出发,分析雨季开始期与高低层大气环流系统的关系。图 3.3 为雨季开始候与 5 月对流层各层大气环流场的相关分布。由雨季开始候与对流层高层 200 hPa 矢量风场的相关(图 3.3a)可见,雨季来临偏早时,中南半岛上空为显著反气旋性环流,表明高原雨季开始期与 5 月南亚高压可能具有密切联系,研究表明,南亚高压的东西振荡与印度夏季风的活跃与中断密切联系,当南亚高压东伸减弱时,印度半岛上空的高层东风急流也伴随着减弱,进而导致印度夏季风的中断(Ashfaq et al.,2009);与

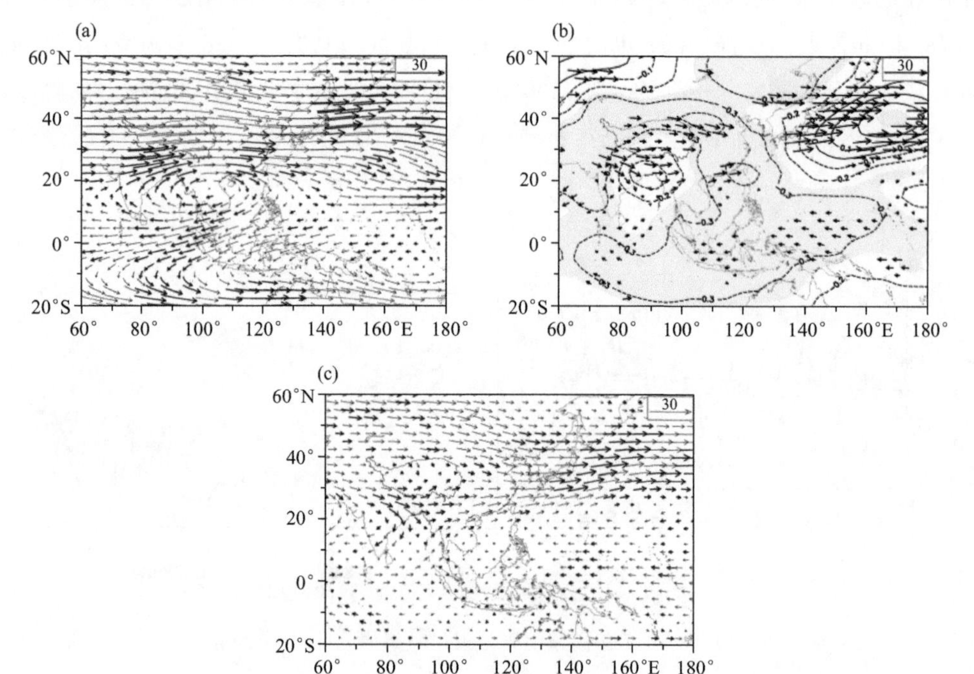

图 3.3 1961—2017 年雨季开始候与 5 月 200 hPa 风场(a)、500 hPa 风场及高度场(b)、600 hPa 风场(c)相关分布

(加粗风场为通过 95%显著性检验的区域;填色区为通过 95%显著性检验的高度场)

500 hPa 高度场及风场相关显示(图 3.3b),在西北太平洋地区高度场呈显著负相关,表明 5 月副热带高压(以下简称副高)偏弱时对应高原雨季来临偏早,反之则偏晚;由雨季开始候与低层 600 hPa 矢量风场的相关可见(图 3.3c),高原南侧存在明显西南风异常,高原雨季开始期与 5 月高原夏季风气旋性环流显著相关,下面将分析雨季起讫时期对应各层环流系统的演变特征。

高原雨季是季节特征的天气反映,因此雨季起讫的早晚也必然与大气环流的季节性转换联系密切(黄福均等,1980),在一定程度上反映了东亚大气环流从冬季型环流向夏季型环流转变在时间进程上的差异。汤懋苍等(1984)最早用 600 hPa 高度场距平图定义了高原季风指数,指出高原近地层气压场上冬、夏具有相反性年变化是高原季风最主要的特征之一,反映在 600 hPa 高度场上最为清楚。在此选取 600 hPa 高度场、风场分析雨季起讫前后不同的气候环流型及其与高原季风、东亚季风之间的关系。

从冬季风向夏季风季节转换期 4—6 月逐候 600 hPa 高度场、风场的变化来看,4 月高原夏季风开始形成,气流从一致的西风转为气流从高原南北两侧流向高原中心,即高原中部为一个浅槽,南北两侧各有一强度较小的高压脊,高原中部地区以 32.5°N 为界出现明显风切变,高原的主体地区均在其控制之下,低纬 0°～15°N 之间维持一条明显的东风带(图 3.4a);26 候(图 3.4b)时,高原中部槽区加深南移至高原西南部,北部脊前西北风和南部槽前西南风切变增强,低纬 0°～15°N 东风带在 95°E 附近断裂,出现较弱的来自南半球的西南越赤道气流;27 候(图 3.4c)时,高原主体地区槽区进一步加深,西北风和西南风切变辐合随之加深,越赤道气流明显加强,气流经中南半岛与西太平洋西北侧的西南气流合并,影响我国西南的东南部和华南大部,西南雨季建立(晏红明等,2013),青藏高原位于云贵高原西北部,此时高原季风辐合虽很强,但西南水汽尚未进入高原,因此高原雨季开始晚于西南雨季。28 候(图 3.4d)时,高原主体维持西北风和西南风切变辐合,孟加拉湾南支槽形成,低纬 90°～100°E 附近的越赤道气流明显加强,索马里自南向北的越赤道气流建立,孟加拉湾西南气流进入高原南部,高原进入雨季。5 月下旬—6 月上旬(图 3.4e),阿拉伯海—印度半岛—孟加拉湾—中南半岛以及西南和华南的大部分地区受西南季风控制,亚洲地区表现为明显的夏季环流特征。

夏季风的结束主要是以东亚东部地区的偏东气流逐渐向西推进取代东南亚地区的西风气流而结束,从 9—11 月 600 hPa 逐候高度场、风场变化来看,9 月初(图 3.5a),高原上空强低压中心已南移至印度半岛,受印度半岛气旋影响,高原南部为孟加拉湾西南气流,在中南半岛气旋与中南地区反气旋的南北配合下,南海水汽经西南

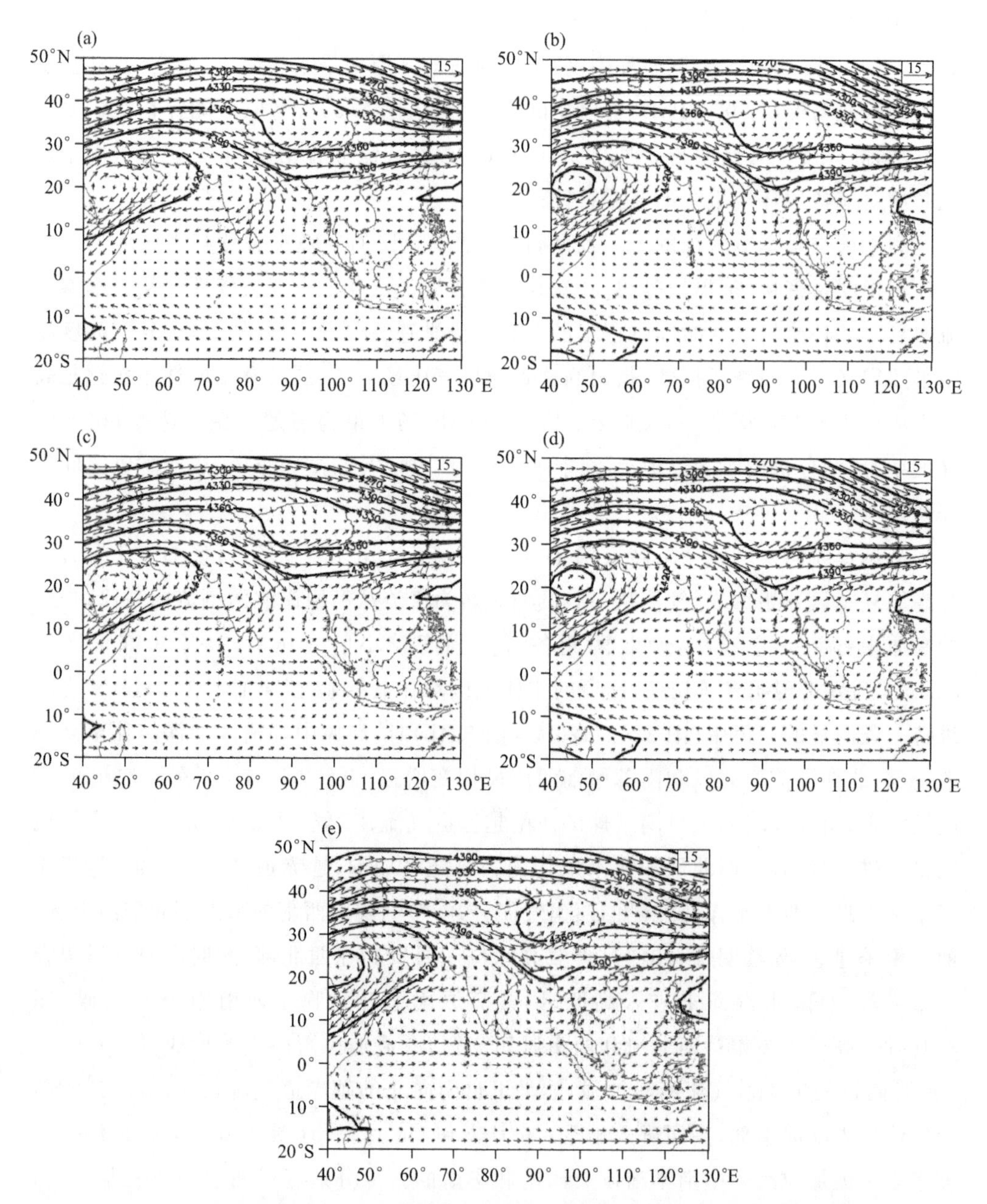

图 3.4　1981—2010 年冬季风向夏季风转换过程中 600 hPa 气候平均高度场和风场

(a)19～24 候；(b)26 候；(c)27 候；(d)28 候；(e)30～31 候

地区进入高原南部，高原上空仍为夏季风气旋性环流；此后(图 3.5b)印度半岛低压中心逐步减弱，北印度洋西风气流南移，副高西伸至孟加拉湾东部边缘，受其控制，来自孟加拉湾进入高原的西南气流越来越弱。56 候(图 3.5c)槽区在印度半岛，高原南

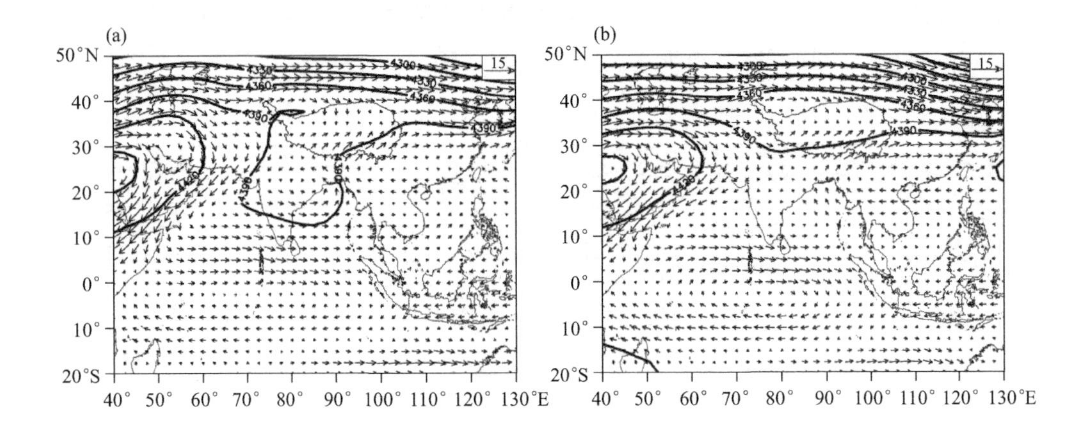

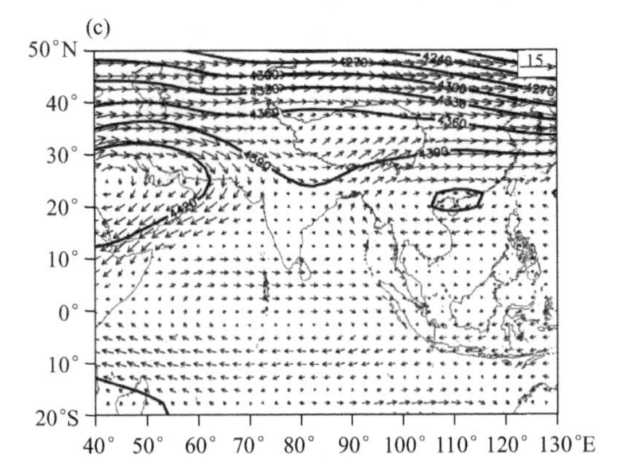

图3.5　1981—2010年夏季风向冬季风转换期600 hPa气候平均高度场和风场

(a)49～51候；(b)53～55候；(c)56候

部为槽前西南气流，北部为偏西风，无明显气旋性环流，高原雨季接近尾声，而西南地区仍有西南气流进入，雨季还未结束，可以看出西南雨季持续时间较长（晏红明等，2013）。之后高原上空西风带重新建立，10°～25°N范围内的东风带重新建立，冬季风环流特征显现。

图3.6a和图3.6b分别为雨季开始（28候）前后组合的600 hPa多年气候平均高度场、风场，表明了高原雨季开始前后低层风场明显不同的变化特征，受北印度洋反气旋影响，雨季开始前，高原主体两侧尚未建立，高原上空为浅槽区，高原东北部为偏西北气流，南部为西南气流，低纬10°N附近为东风气流，孟加拉湾为由陆地向海洋的偏北风，中南半岛—西北太平洋地区为反气旋性环流（图3.6a），伴随高原夏季风的建立，雨季开始，高原主体为低压控制，中心强度为4345 gpm，对应风场上表现为明显气旋式环流，以32.5°N为界，其南侧为西南风，北侧为东北风，高原上空气流辐合，

雨季逐步建立，随着高原夏季风加强及东亚夏季风建立，西南暖湿气流逐步进入高原，为降水提供有利的条件，雨季逐步推进(图 3.6b)。

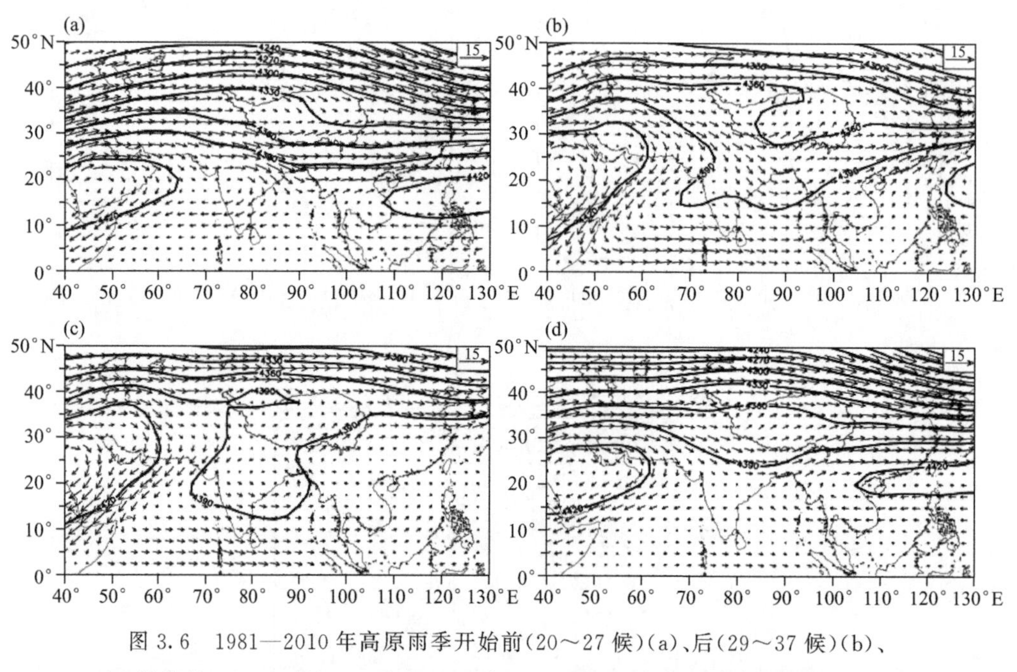

图 3.6 1981—2010 年高原雨季开始前(20～27 候)(a)、后(29～37 候)(b)、结束前(46～53 候)(c)、后(55～63 候)(d)600 hPa 气候平均高度场和风场

图 3.6c 和图 3.6d 分别为雨季结束(54 候)前后组合的雨季结束前后 600 hPa 多年气候平均高度场和风场，雨季结束之前的一段时间，可以看到高原上空仍然为夏季风环流形势，高原上空仍然为低压控制，其强度约为 4375 gpm，风场上气旋式环流逐渐减弱，印度半岛气旋性环流使孟加拉湾进入高原的西南气流减弱，高原上空辐合减弱，此时华南地区已出现东风气流(图 3.6c)。雨季结束之后，高原冬季风逐步建立，整个高原以偏西气流为主，无明显对流，副高南移、东退至 105°E 以东洋面，阿拉伯海—孟加拉湾 10°～25°N 范围为明显的东风气流控制(图 3.6d)。综上分析表明，高原夏季风开始和结束的时间，与高原雨季开始和结束的时间具有较好的一致性，高原季风的强弱及东亚夏季风建立早晚对高原雨季起讫有重要影响，这与白虎志等(2001)的研究结果一致。

图 3.7 为 80°～105°E 经向平均垂直速度分布图。雨季开始前(图 3.7a)，在高原南侧(25°～27.5°N)低层为明显上升运动，而中高层为弱下沉运动，大气不稳定性增强，为雨季开始提供一定的动力条件；雨季开始时(图 3.7b)，高原主体上空上升运动开始增强，且在 28°～38°N 上升运动向上伸展至 250 hPa，随着南亚高压、西风急流

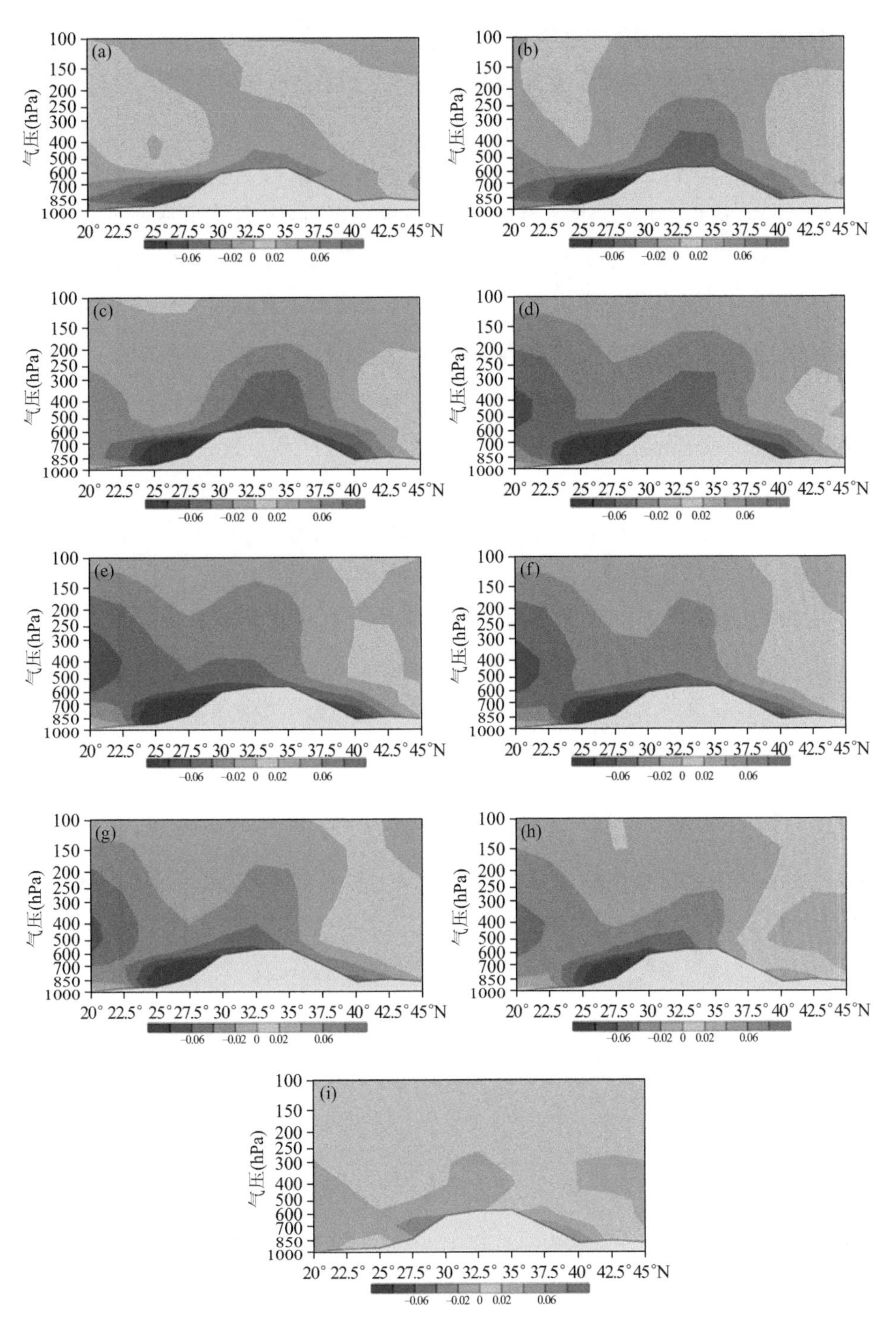

图 3.7　1981—2010 年雨季期间高原经向(80°～105°E)平均垂直速度演变(单位:m/s)

(a)24 候;(b)28 候;(c)31 候;(d)36 候;(e)40 候;(f)44 候;(g)48 候;(h)52 候;(i)59 候

轴西北移，孟加拉湾、北印度洋暖湿气流输送至高原上空，南亚高压东部以上升运动为主，而西部以下沉运动为主（魏维，2012，2015），降水逐渐增强，整个高原自南向北整层均以上升增温运动为主且不断加强（图 3.7c—e），在 40 候（7 月下旬）南亚高压处于更暖的位置，中心所在位置北边为加强的偏南风，南边是减弱的偏北风，辐合带移到高原上空（张宇，2012），达到最强；随着南亚高压、西风急流东移南退，垂直速度上升大值区逐步南移至高原南部，影响高度缩减至最开始的 600 hPa 以下（图 3.7f—h）；雨季结束后，高原自北向南以下沉运动为主，无明显上升运动（图 3.7i）。

3.1.2 南亚高压对雨季起讫的影响

南亚高压是亚洲季风系统的重要成员，其季节性移动和发展对亚洲季风爆发产生影响，根据上节分析，南亚高压和雨季起讫具有密切联系。通过分析冬季风向夏季风转换期间 4—6 月多年气候平均逐候 200 hPa 位势高度场及风场的变化，发现在 25 候（图 3.8a），南亚高压在中南半岛 100°～110°E 附近建立，南亚夏季风开始（杨辉等，1998），之后南亚高压逐渐向西北方向移动，其中心跳过 20°N 之后（图 3.8b），南海夏季风爆发（钱永甫等，2004），6 月中旬（图 3.8c）南亚高压移动到青藏高原上空（刘伯奇，2013），其中心大致位于（25°N，80°E）附近，夏季环流形势建立，南亚高压南侧的热带东风急流带在印度半岛上空建立，与低层来自索马里急流的西风气流相配合，印度夏季风开始（毛江玉等，2002），高原西部进入雨季。伴随南亚高压移动，西风急流轴从 25°N 北移到 40°N，急流轴中心位于高原以北，风速在 35～40 m/s 之间，高原完全受西风控制（图 3.8d）。

夏季风向冬季风转换期间（9—11 月），49 候（图 3.9a）之后南亚高压逐渐向南移动，西风急流从 40°N 南移至高原北部，且急流轴中心值逐渐增大，达 40 m/s 以上，高原北部柴达木盆地雨季结束，57 候（图 3.9b）南亚高压中心位置发生明显突变，突然从（20°N，90°E）附近东移至（20°N，115°E），此时急流轴在 35°N，中心随南亚高压东移至高原以东，强度不断减弱，印度夏季风中断（Ashfaq et al.，2009），高原西部雨季结束，紧接的 58 候（图 3.9c）南亚高压快速东移至（20°N，130°E）附近，之后其中心位置在同经度上逐渐南移，11 月底 66 候（图 3.9d）中心南移至（15°N，140°E）附近，急流轴南移至 28°N，随着南亚高压的东移，原雨季自西向东逐步结束，高原为脊前西北气流控制，冬季环流形势建立。

图 3.10 为雨季开始期 5 月 4 候（28 候）和结束期 9 月 6 候（54 候）分别组合的雨季开始期间 200 hPa 纬向风及位势高度场的气候平均场，南亚高压脊线指数用 12520 gpm 表示，可明显看到雨季期间南亚高压位置及西风急流的明显差异，雨季开始时（28 候）南亚高压刚刚在中南半岛 110°E 附近建立，中心位于中南半岛南部，偏

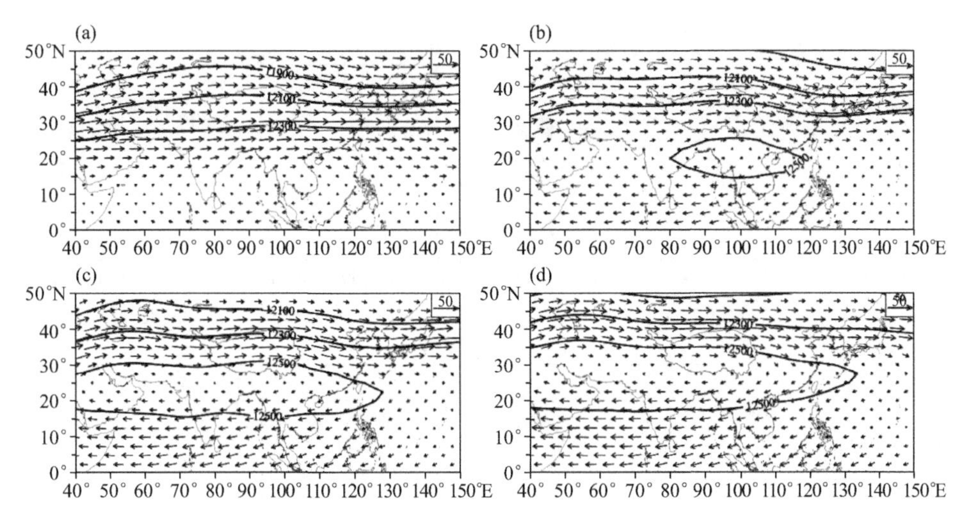

图 3.8　1981—2010 年冬季风向夏季风转换期 200 hPa 气候平均高度场和风场

(a)25 候;(b)31 候;(c)34 候;(d)38 候

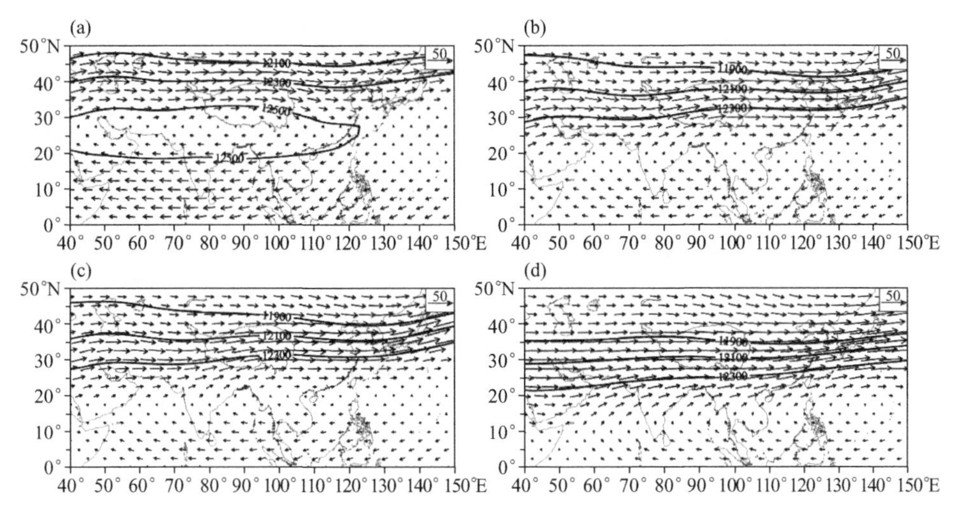

图 3.9　1981—2010 年夏季风向冬季风转换期 200 hPa 气候平均高度场和风场

(a)49 候;(b)57 候;(c)58 候;(d)66 候

南偏东，当南亚高压偏东，呈现青藏高压模态时，青藏高原南部降水异常偏多(吴国雄等，2004)，此时西风急流轴约位于 33°N 附近，高原东西两侧形成两个急流中心，分别位于黄海(大于 40 m/s)和伊朗(30～35 m/s)上空，利于孟加拉湾西南水汽进入高原，雨季开始(图 3.10a)，随着雨季的推进南亚高压不断向西北移动，强度不断增强，影响不断扩大至伊朗高原，40 候时南亚高压范围最大，强度最强，完全控制了高原，

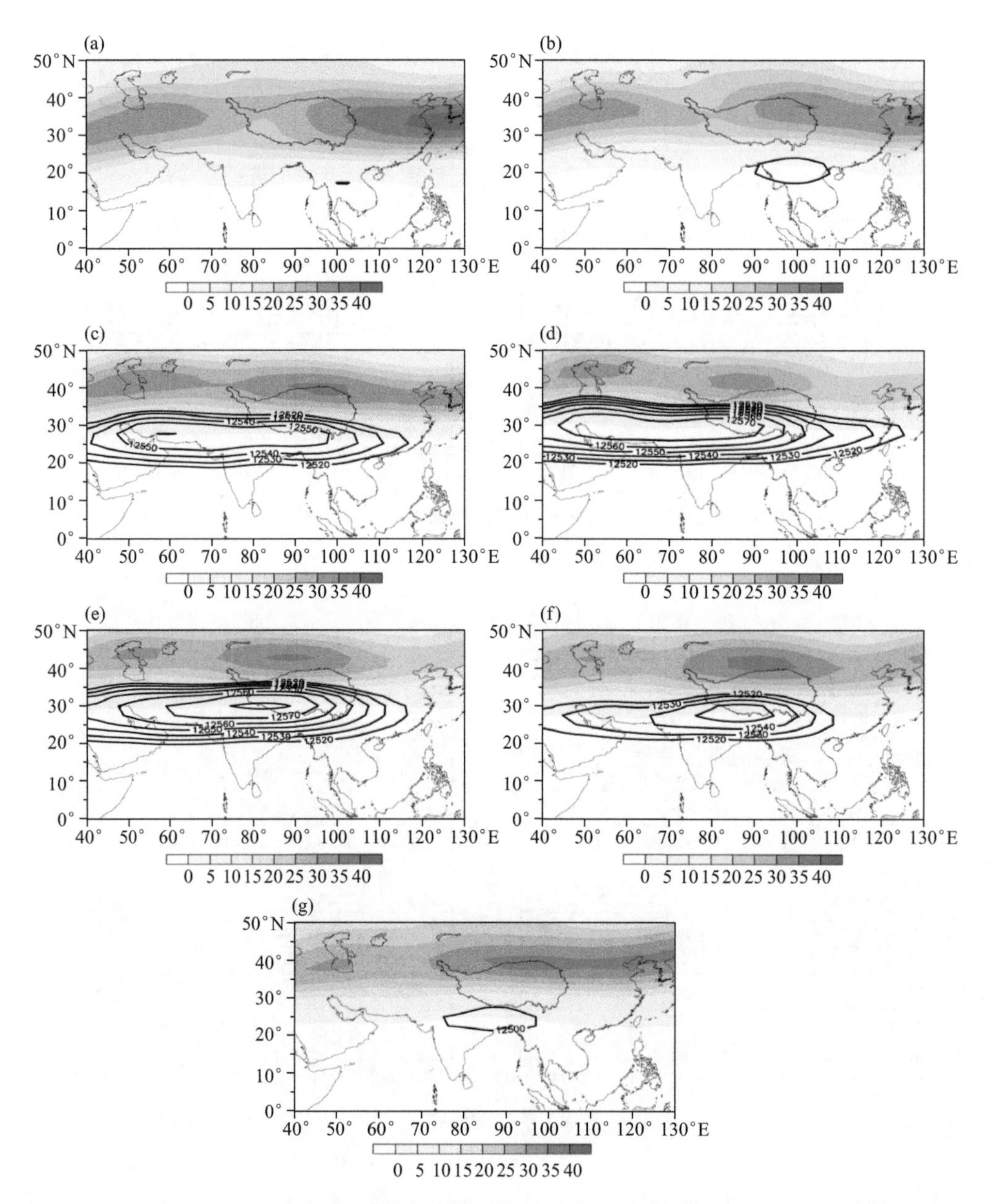

图 3.10　1981—2010 年高原雨季开始至结束 200 hPa 纬向风(填色)(单位:m/s)及位势高度场演变
(a)28 候;(b)32 候;(c)36 候;(d)40 候;(e)44 候;(f)48 候;(g)52 候

随着南亚高压的移动增强,西风急流轴(图 3.10 a—d)不断北移,从雨季开始时的33°N 北移到 45°N,东西两侧的两个急流中心逐步接近,但强度有所减弱,44 候时在高原北部合并;40 候之后直至雨季结束,南亚高压向东南缩小减弱,西风带南移,进入高原的西南气流逐步减退(图 3.10e—g)。因此可见,南亚高压的位置、强度及范围会影响高原雨季的开始、持续时间及西南水汽的输送强度,进而影响雨季降水量、降水强度。

3.1.3 雨季来临/结束早晚的环流异常特征

在此以雨季起讫候标准化序列大于正负 1 作为标准,选取历史上雨季来临/结束偏早和偏晚年的典型年份(表 3.1),分别进行合成分析。高原雨季开始早期,200 hPa 西风急流轴平均位置约在 40°N 附近,在高原北部存在急流次大值中心,风速为 40 m/s 以上,高原自南向北风速逐步增加,气候态南亚高压位于中南半岛,强度为 12475 gpm,而雨季开始早期的南亚高压位于气候态北部,强度偏弱,范围向东西扩展,孟加拉湾—南海一带为异常反气旋,来自孟加拉湾的西南气流率先进入高原南部(图 3.11a),500 hPa 上高原西部伊朗高原附近存在一个高压中心,较常年差别不大,东部副热带高压较常年偏东偏北,受其影响,600 hPa 风场上孟加拉湾为深厚的南向槽区,槽前西南偏南暖湿气流进入高原南部与高原上空南下西北气流辐合(图 3.11b),高原雨季开始。雨季开始晚期,200 hPa 西风急流轴约在 37°N 附近,中国东北部为急流中心,风速在 35～40 m/s 之间,较开始早期位置更偏东,强度略有减弱,南亚高压在高原南部,较气候态下的南亚高压位置更偏北,强度偏弱,影响范围集中在中南半岛(图 3.11c),500 hPa 上高原西部伊朗高原附近存在一个高压中心,较常年及雨季开始早期位置均偏西,东部副热带高压较常年偏东,相应 600 hPa 风场上孟加拉湾、南海及中南半岛均为闭合气旋,进入高原南部的为孟加拉湾气旋东部西南偏南气流,在 35°N 附近与高原上空南下西北气流辐合(图 3.11d),高原雨季开始。

表 3.1 历史上雨季来临/结束偏早和偏晚年的典型年份及所对应候

开始早年		开始晚年		结束早年		结束晚年	
年份	候	年份	候	年份	候	年份	候
1974	27.3	1961	30.8	1972	53.1	1971	55.8
2002	27.10	1962	30.8	1976	52.3	1977	55.7
2004	27.4	1966	30.9	1980	53.4	1978	56.0
2006	27.2	1979	29.7	1981	53.1	2008	56.1
2007	27.2	1983	30.2	1991	51.9	2009	55.6
2008	27.0	1995	30.8	1994	52.4	2010	56.0
2013	26.9					2013	55.5
2016	26.8					2016	55.6
2017	26.9						

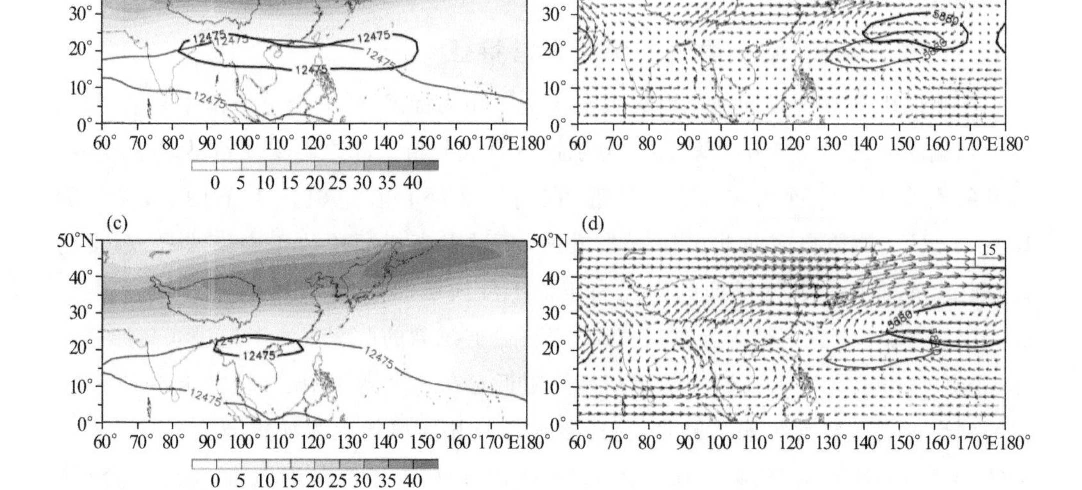

图 3.11 雨季开始典型早、晚年所在旬 200 hPa 纬向风(填色)(单位:m/s)及南亚高压演变(a、c)和 600 hPa 风场、588 dagpm 线(b、d)(红线:气候平均场;黑线:结束早、晚旬平均)

相较而言,西风急流轴在高原北部越强、南亚高压位置较常年偏北,影响范围向东扩展至西太平洋时,进入高原的西南气流越早,雨季开始越早;西风急流轴在高原东部越强、南亚高压较常年偏北,影响范围集中在中南半岛时,进入高原的暖湿气流会推迟,雨季开始推迟。

高原雨季结束偏早时,200 hPa 西风急流轴约在 40°N 附近,急流中心主要在柴达木盆地至渤海一带,达 40 m/s 以上,此急流中心逐渐东移与鄂海急流中心呈合并趋势,南亚高压气候态位于高原南部,中心强度为 12470 gpm,相较南亚高压气候态变化不大,高原完全被西风气流控制(图 3.12a),500 hPa 副热带高压较雨季开始期北移至 25°N 带以北,较常年更偏东,600 hPa 风场上中国西南地区及中南半岛北部为反气旋,高原南部来自孟加拉湾西南暖湿气流,与高原北部南下的较小偏北风产生弱的辐合(图 3.12b)。而雨季结束晚期,200 hPa 西风急流轴偏南偏东,在高原东北部,急流中心还未完全移出高原,且风速在 40 m/s 以上,南亚高压南缩,只是结束晚期南亚高压较气候态强度明显偏弱,中心位置明显东移(图 3.12c),副热带高压气候态与结束晚期相差不大,受其影响,600 hPa 风场上中国西南地区及中南半岛北部为反气旋,南海—菲律宾群岛东部洋面为气旋,加上副高影响,进入高原南部的暖湿气流除了孟加拉湾西南气流还有西北太平洋面东风气流,其受西南反气旋影响转为西南气流,与高原北部南下的西北风产生辐合(图 3.12d)。

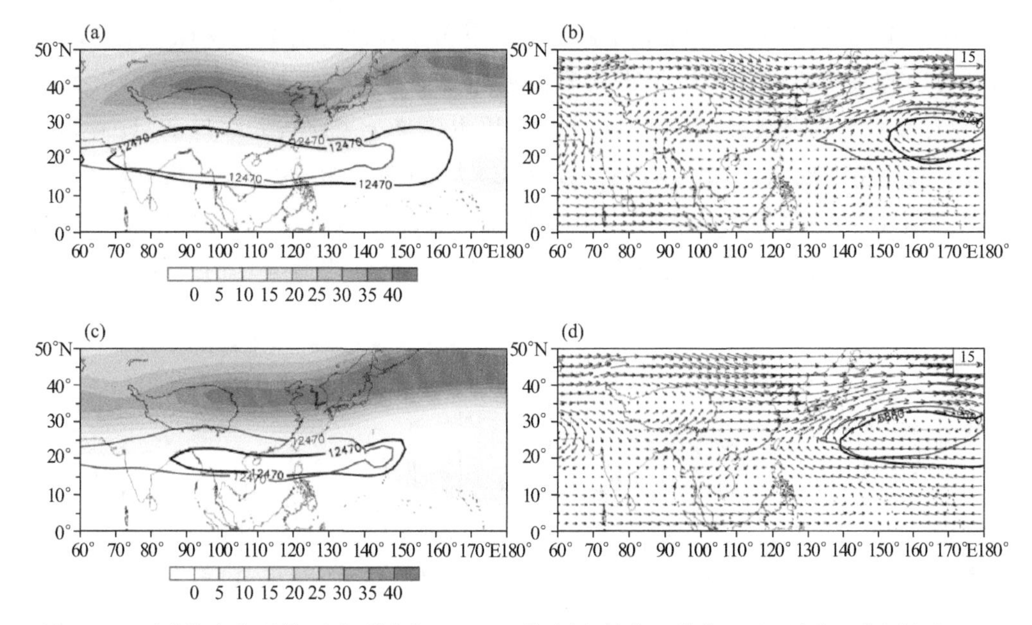

图 3.12　雨季结束典型早、晚年所在旬 200 hPa 纬向风(填色)(单位:m/s)及南亚高压演变(a、c)和 600 hPa 风场、588 dagpm 线(b、d)(红线:气候平均场;黑线:结束早、晚旬平均)

比较可得,西风急流轴在高原北部强度越强、南亚高压在高原南部越强,影响范围在南海至印度半岛东部时,高原雨季结束越早;急流轴在高原东部强度越强、南亚高压在高原南部越偏东扩展至西太平洋时,进入高原的暖湿气流减弱越慢高原雨季结束越迟。

3.2　高原雨季降水异常及关键影响系统分析

3.2.1　青藏高原雨季降水主模态分析

对青藏高原 109 个站点 1961—2017 年雨季降水进行 EOF 展开,得到其主要空间模态及各模态对应的时间系数。前 5 个模态的累积解释方差贡献为 54.8%(表 3.2),前 2 个主模态特征向量的方差贡献分别为 22.1%、12.6%,其他模态的方差贡献均小于 9%。

表 3.2　高原雨季降水场 EOF 展开的前 5 个模态方差贡献率

序号	特征值	方差贡献率%	累计方差贡献率%
1	24.6	22.1	22.1
2	14.0	12.6	34.8
3	9.3	8.4	43.1
4	7.3	6.6	49.7
5	6.6	6.1	54.8

图 3.13 给出的是青藏高原雨季降水 EOF 分析得到的前 2 个特征向量空间分布及对应的时间系数。第 1 模态解释方差为 22.1%，从第 1 模态空间分布型来看，总体表现出南北反向的特点，正荷载区域主要位于高原东北部地区，负荷载区则位于高原南部地区，当第 1 时间系数(PC1)为正(负异常)时，高原北部降水偏多(少)，高原南部降水偏少(多)。从 PC1 曲线可以看出，第 1 时间系数呈现明显的年际和年代际变化：1990 年之前年际变化显著，1990 年之后呈现明显的年代际波动特征。

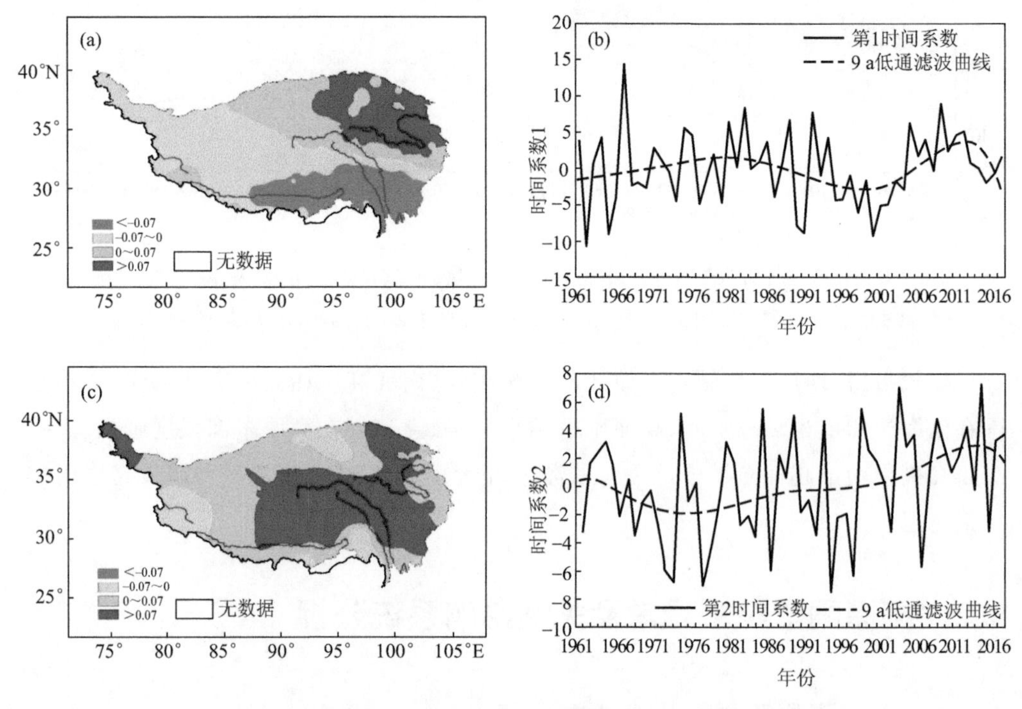

图 3.13 青藏高原 5—9 月降水 EOF 前两主模态及其时间系数

(a)第 1 模态空间分布；(b)第 1 时间系数；(c)第 2 模态空间分布；(d)第 2 时间系数

第 2 模态解释方差为 12.6%，从第 2 模态空间分布型来看，总体表现全区一致的特点，高荷载区域主要位于高原中部，第 2 时间系数(PC2)年际变化特征明显。

3.2.2 影响主模态的典型环流型

为了探讨青藏高原雨季降水的环流特征，我们取高原雨季降水 EOF 前 2 个模态的时间系数大于(小于)正(负)1.2 的年份作为前 2 个模态的典型正负异常年，进行环流合成分析(表 3.3)，同时将 2 个模态的时间系数与 500 hPa、100 hPa 高度场做了回归分析。

表 3.3　高原雨季降水前 2 个模态降水型对应典型正/负异常年份

EOF 模态	典型年份	
	正异常年	负异常年
1	1967、1981、1983、1989、1992、2005、2009	1962、1965、1990、1991、2000
2	1974、1985、1989、1993、1998、2003、2008、2014	1972、1973、1977、1986、1994、1997、2006

当高原雨季降水呈第 1 模态正位相特征(北多南少)时,对应的 500 hPa 高度场及风场上(图 3.14a),欧洲东部及中国东部大部地区上空为正高度距平所控制,巴尔喀什湖以西至贝加尔湖地区上空为负高度距平,高原上空总体呈西低东高的分布。500 hPa 环流特征显示乌拉尔山地区高压偏强,而巴尔喀什湖及其以西地区低槽偏强,有利于冷空气南下入侵高原地区;同时西太平洋副热带高压偏西偏北,利于引导南方水汽北上。从合成的 500 hPa 风场来看,乌拉尔山地区为异常反气旋性环流易引导偏北气流南下影响高原地区,而巴尔喀什湖以西为异常气旋性环流,其东侧的偏南风易将南部的暖湿气流输送至高原地区,冷暖空气在高原北侧交汇,共同作用产生降水;而高原南部为异常反气旋性环流控制,不利于降水的形成。

高原雨季降水第 1 模态正异常年合成的 100 hPa 高度场(图 3.14b),显示出与 500 hPa 高度场相似的环流分布特征,区别在于乌拉尔山地区的正距平强度显著减弱,范围减小,而巴尔喀什湖以西至贝加尔湖地区上空为负高度距平范围增大,位于我国中东部的正距平区强度增强,范围南缩。同样的,合成的 700 hPa 高度场(图 3.14d),显示出与 100 hPa、500 hPa 高度场相似的环流分布特征,区别在于乌拉尔山地区的正距平区范围扩展,而巴尔喀什湖以西至贝加尔湖地区上空为负高度距平范围缩小,位于我国中东部的正距平区范围明显增大,表现出斜压性特点。从对应的 700 hPa 风场来看,在高原以北地区上空存在明显的反气旋环流,高原大部地区为气旋性环流,气旋性环流北侧的偏南气流及反气旋环流南侧的偏北气流在高原北侧交汇,形成高原北部降水异常(图 3.14d)。

降水异常必然伴随着强的对流活动。OLR 是气象卫星观测到的地气系统射出的长波辐射,它决定于云顶或下垫面的温度,对于资料稀少的高原地区非常有利。高原冬季对流弱,OLR 主要代表的是高原地面冷暖;夏季对流强,OLR 主要表示的是积云对流的发展强弱,因此,不少科研工作者使用高原的 OLR 分布来表征高原的热力状况(朱乾根等,2000)。文章合成了高原雨季降水第 1 模态正异常年的 OLR 场(图 3.14c),可以看到,高原雨季降水呈北多南少型时,高原北部为 OLR 负异常区,显示对流活动偏强;而南部为 OLR 正异常区,显示对流偏弱。

冷暖空气交汇必然伴随着垂直运动,从雨季降水正异常年合成的垂直速度高度-

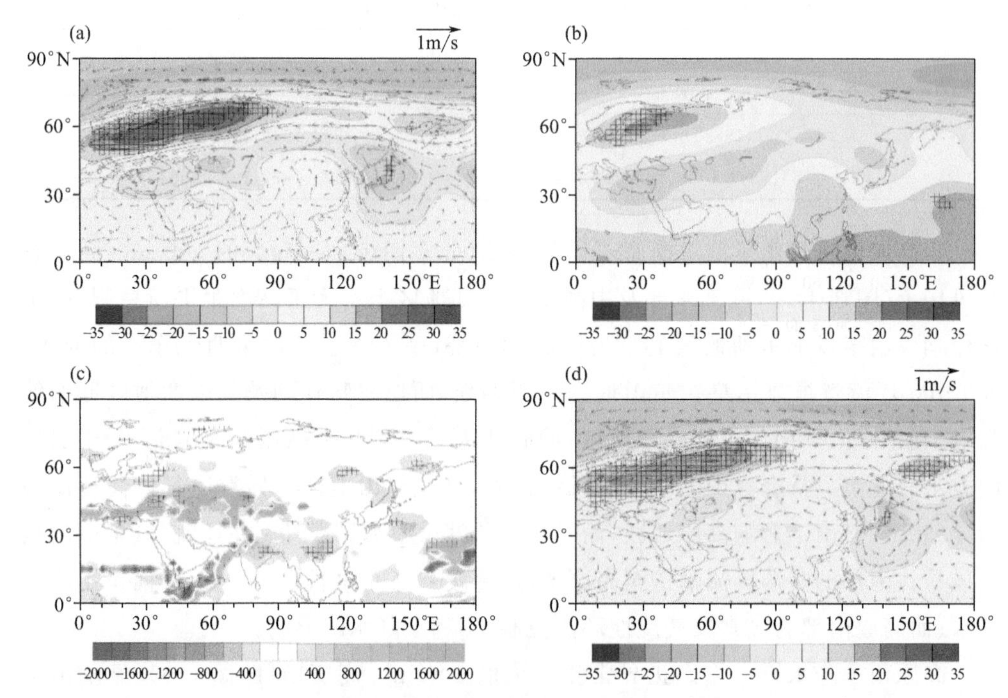

图 3.14 高原雨季降水第 1 模态正异常年(北多南少)500 hPa 高度场及风场(a)、100 hPa 高度场(b)、向外长波辐射(OLR)(c)和 700 hPa 高度场、风场合成(d)(阴影区显示通过 0.05 信度的显著性检验)

纬度剖面图来看(图 3.16a),在 25°～40°N 为中心的高原南北部地区,存在不同的垂直运动。30°N 以北的高原地区存在明显的上升运动,上升高度主要集中于 600～300 hPa,以 500～400 hPa 的上升运动最强烈;而在 30°N 以南的高原地区存在明显的下沉运动,下沉高度主要集中于 700～150 hPa,以 400～250 hPa 的下沉运动最为强烈。

当高原雨季降水呈第 1 模态负位相特征(北少南多)时,对应的 500 hPa 高度场及风场(图 3.15a),欧洲东部及中国东部大部地区上空为负高度距平所控制,巴尔喀什湖至贝加尔湖以北的西西伯利亚上空为正高度距平,高原上空高度场总体呈偏低的态势。500 hPa 环流特征显示乌拉尔山及其以西地区低槽显著偏强,西西伯利亚上空高压偏强,不利于冷空气南下入侵高原地区;同时西太平洋副热带高压呈偏弱特征。从合成的 500 hPa 风场来看,乌拉尔山地区及其以西地区为异常气旋性环流,而西西伯利亚地区为异常反气旋性环流,不易引导偏北气流南下影响高原地区;而高原以南地区为异常反气旋性环流控制,反气旋外围的偏南暖湿气流易引导孟加拉湾水汽向高原南部输送,利于高原南部降水的形成。

高原雨季降水第 1 模态负异常年合成的 100 hPa 高度场(图 3.15b),显示出与

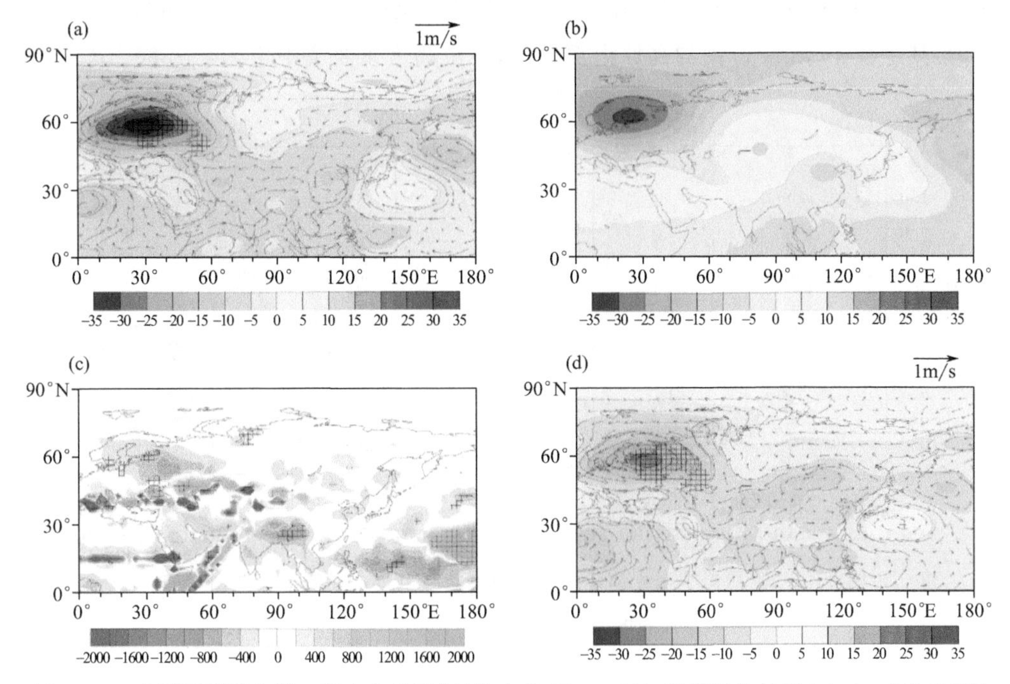

图 3.15　高原雨季降水第 1 模态负异常年(北少南多)500 hPa 高度场及风场(a)、100 hPa(b)高度场、OLR(c)和 700 hPa 高度场、风场合成(d)(阴影区显示通过 0.05 信度的显著性检验)

500 hPa 高度场相似的环流分布特征，区别在于乌拉尔山地区及以西的负距平强度显著减弱，范围西缩，位于中国东部大部地区上空的负高度距平区强度减弱，范围南缩，而巴尔喀什湖至贝加尔湖以北的西西伯利亚上空的正高度距平区强度增大，范围扩展。

同样的，合成的 700 hPa 高度场(图 3.15d)，显示出与 100 hPa、500 hPa 高度场相似的环流分布特征，区别在于乌拉尔山地区的负距平区范围扩展，而巴尔喀什湖至贝加尔湖以北地区的上空正高度距平范围显著北缩。从对应的 700 hPa 风场来看，高原以南的印度半岛存在气旋性环流，中南半岛地区存在反气旋性环流，气旋性环流东侧的偏南暖湿气流及反气旋西侧的偏南暖湿气流，易引导孟加拉湾水汽向高原南部输送，形成高原南部降水异常偏多(图 3.15d)。

从高原雨季降水第 1 模态负异常年的合成的向外长波辐射(OLR)场可以看出(图 3.15c)，高原雨季降水呈北少南多型时，位于 30°N 以北的高原北部大部地区为 OLR 正异常区，显示对流活动偏弱，而位于 30°N 以南的高原南部地区 OLR 为显著负异常区，显示对流明显偏强。

从雨季降水负异常年合成的垂直速度高度-纬度剖面图来看(图 3.16b)，当高原雨季降水呈北少南多的形态时，在 25°～40°N 为中心的高原地区存在明显的下沉运动，尤其是位于 30°N 以南的高原南部地区，下沉高度主要集中于 700～400 hPa。

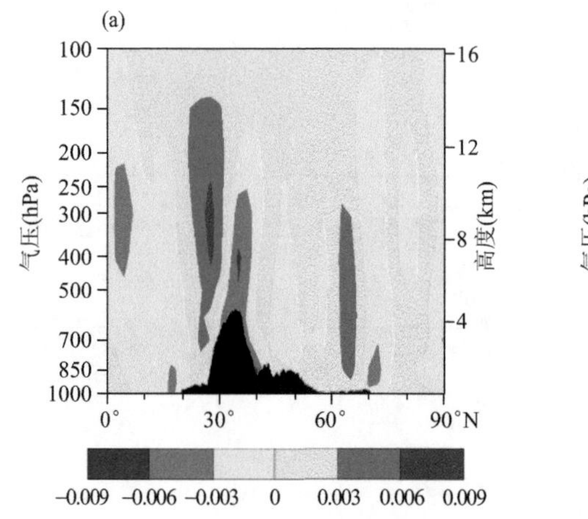

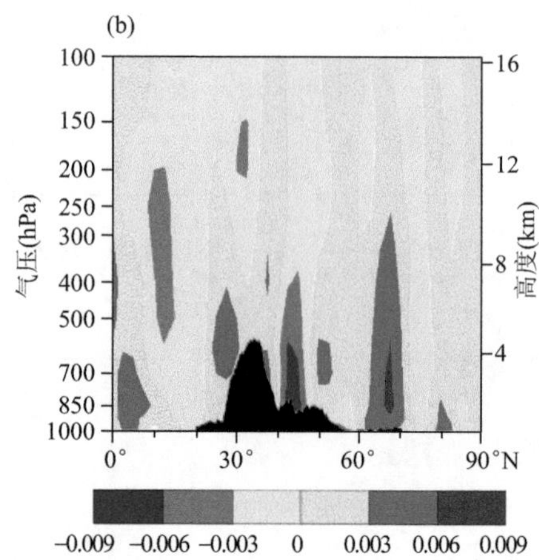

图 3.16 高原雨季降水第 1 模态正负异常年合成的 75°～105°E 平均垂直速度高度-纬度剖面(单位：m/s)

(a)为正异常；(b)为负异常

为了进一步分析高原雨季降水呈南北反向型时的环流特征，将高原雨季降水 EOF 第 1 模态的时间系数与 500 hPa 和 100 hPa 高度场做了回归。图 3.17 给出的是高原雨季(6—8 月)降水 EOF 第 1 模态对应的时间系数回归的 500 hPa 和 100 hPa 高度场。可以看出，当高原雨季降水呈第 1 模态正位相特征(北多南少)时，北美至东亚存在显著的"－＋－＋"波列，正距平中心位置分别位于北美地区和东欧地区，负距平中心位置分别位于北美南部的密西西比平原上空和位于大西洋东部—欧洲西海岸的格陵兰海上空。欧亚中高纬表现出西高东低的特征，负距平中心位于巴尔喀什湖至贝加尔湖之间，高原上空呈北低南高态势，利于冷暖空气在高原北侧交汇，同时印缅地区高度场偏低，利于南部水汽向北输送(图 3.17a)。高原雨季降水呈现北多南少的形态时，在欧亚中高纬地区存在三个显著的活动中心，两个负的活动中心位于欧洲西部和西伯利亚地区，一个强的正活动中心位于斯堪的纳维亚半岛附近。此"－＋－"波列类似于 Barnston 和 Livezey(1987)及刘毓赟和陈文(2012)指出的 EU1 型遥相关(SCAND)。从回归的 100 hPa 高度场上(图 3.17b)也可以明显看出上述波列，区别在于在 100 hPa 高度场上，亚洲东部的正距平中心更加显著。

(1)欧亚遥相关的影响

上述研究指出，高原雨季降水呈现第 1 模态时(图 3.17a)，500 hPa 环流上在欧亚中高纬地区存在三个显著的活动中心，两个负的活动中心位于欧洲西部和西伯利

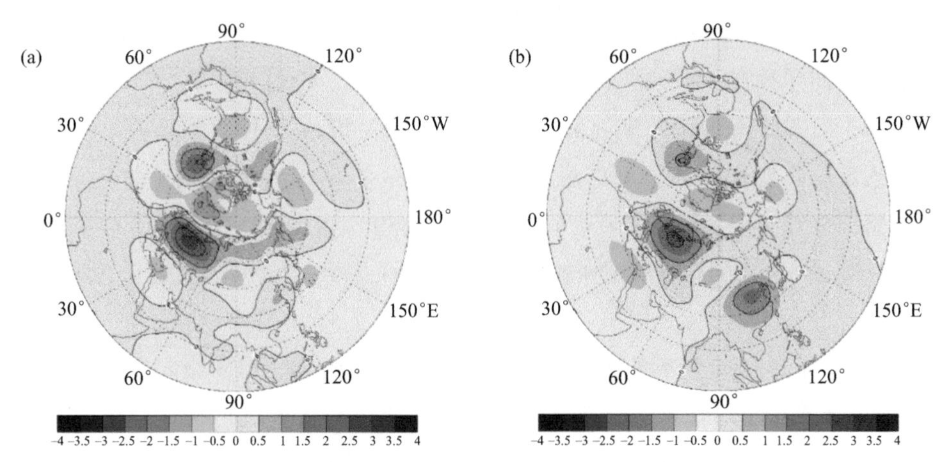

图 3.17 高原雨季降水第 1 模态时间系数回归的 500 hPa(a)、100 hPa(b)位势高度场

(打点区显示通过 0.05 信度的显著性检验)

亚地区,一个强的正活动中心位于斯堪的纳维亚半岛附近。此"－＋－"波列类似于 Barnston 和 Livezey(1987)及刘毓赟和陈文(2012)指出的 EU1 型遥相关(SCAND)。

利用刘毓赟和陈文(2012)所指出的三大中心位置范围,定义了关键区指数,发现其与美国国家海洋大气局(National Oceanic and Atmospheric Administration,NOAA)提供的斯堪的纳维亚遥相关指数(SCAND)的相关系数为 0.505(图 3.18a),两序列整体变化趋势几乎一致。

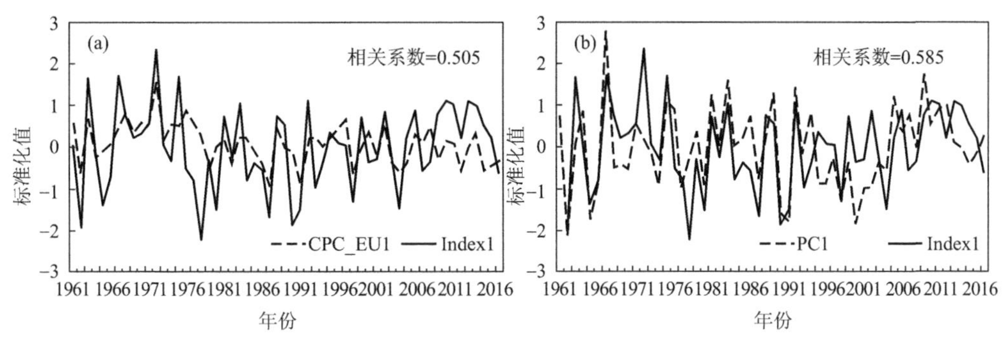

图 3.18 1961—2017 年 5—9 月 Index1 指数与 CPC_EU1 型遥相关指数的年时间序列(a)和 Index1 指数与青藏高原雨季降水 EOF 第 1 模态时间系数的标准化时间序列(b)

定义方法如下:

$$\text{Index1} = -\frac{1}{4}Z(30^\circ \sim 50^\circ\text{N}, 30^\circ \sim 15^\circ\text{W}) + \frac{1}{2}Z(50^\circ \sim 65^\circ\text{N}, 20^\circ \sim 40^\circ\text{E}) + \frac{1}{4}Z(45^\circ \sim 60^\circ\text{N}, 75^\circ \sim 100^\circ\text{E}) \tag{3.1}$$

式中，Z 表示 500 hPa 位势高度场，为便于分析，将计算后的指数进行标准化处理，得到标准化时间序列。

图 3.18b 显示高原雨季期间欧亚 EU1 型遥相关指数 Index1 与雨季降水第 1 模态时间系数的年变化序列。可以看到 1961—1993 年两序列变化呈正相关，1993 年之后虽然总体趋势一致，但在某些时段（1993—1998 和 1999—2003 年）存在反相关关系。计算 1961—2017 年两序列的相关，两者相关系数达 0.585，通过 0.001 以上信度水平。

图 3.19 为高原雨季降水第 1 模态时间系数与同期 200 hPa 纬向风和经向风的相关，可以看到高原雨季第 1 模态降水与中东急流入口处南北两侧的纬向风强度和东亚急流中心强度呈显著相关关系。当第 1 模态降水处于正位相（北多南少）时，中东急流入口处北侧纬向风偏强，南侧纬向风偏弱；同时位于贝加尔湖以南地区的急流显著偏强（图 3.19a）。

从图 3.19b 中可以看出，高原雨季降水第 1 模态时间系数与沿北非到东亚高空急流分布的经向波列相关显著，Enomoto 等（2010）将该波列定义为“丝绸之路”型遥相关。Ding 和 Wang（2005）总结了前期的工作，提出“丝绸之路”遥相关是夏季沿北半球高空西风急流传播的环球遥相关的一部分，主要受到印度降水热源强迫和北大西洋扰动的共同作用。Lu 等（2002）认为该遥相关在东亚地区对应着东亚高空急流的经向偏移。另有研究表明“丝绸之路”波列有三个典型的活动中心，分别位于西-中亚（50°～85°E，30°～50°N）、蒙古（85°～110°E，30°～50°N）和远东（110°～145°E，30°～50°N），对应为“＋－＋”的涡度异常场（Krishnan 和 Sugi，2001）。

第 1 模态正位相时（北多南少），同期 200 hPa 经向风场自欧洲西部至亚洲东海岸存在“＋－＋－＋－”波列分布，正值中心分别位于欧洲西部、亚洲西部和中国中西部地区，负值中心位于非洲中北部、里海以东地区和亚洲东海岸。可以看到该波列位于 50°E 以东的“－＋－”波列与 Krishnan 和 Sugi（2001）的研究一致，但表现为其反

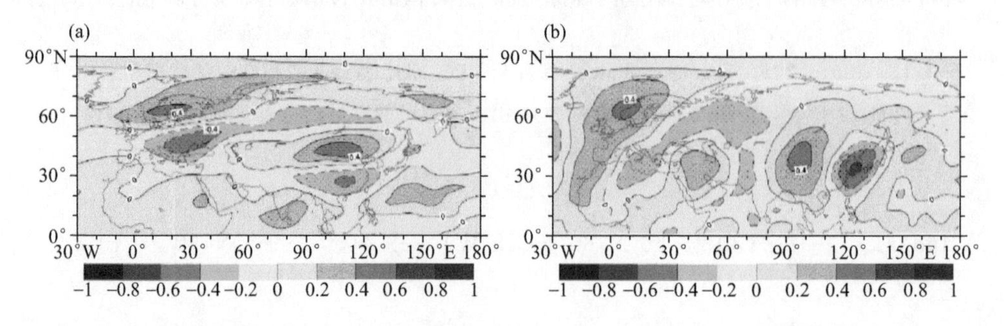

图 3.19　高原雨季降水第 1 模态时间系数与 200 hPa 纬向风场（a）和经向风场（b）相关

位相特征(图 3.19b)。也就是说,当 200 hPa 经向风场表现出 Krishnan 和 Sugi (2001)定义的丝绸之路正位相特征时,高原雨季降水量将呈现第 1 模态反位相特征(北少南多)。

(2)南亚高压的影响

南亚高压活动对北半球大气环流的演变具有重要作用,它有两种主要活动方式,即高压脊线南北摆动和高压中心东西振荡,它对中国乃至亚洲区域天气、气候的旱涝分布有重要影响。研究表明,南亚高压存在准双周的东西振荡,将南亚高压分成东部型、西部型和带状型(罗四维等,1982)。通常,南亚高压中心位于 90°E 以东时为东部型,而位于 90°E 以西时为西部型。对于带状型来说,南亚高压至少有 2 个高值中心,且高值中心数值近似,整个高压区呈带状分布。但是,如果两个中心区数值不相近,且西边的中心值高、东边的中心值低,则归入南亚高压的西部型;反之,则归入东部型。若南亚高压有一个中心且位于 90°E 附近,则归入南亚高压的带状型。

分析夏季南亚高压强度、面积、中心经度及中心纬度与高原雨季降水的关系,发现可以看到南亚高压中心经度指数与高原雨季第 1 模态时间系数存在正相关关系,相关系数为 0.245,通过 0.1 的显著性水平;而南亚高压强度、面积及中心纬度与高原雨季第 1 模态时间系数的相关性不高,相关系数分别为 0.035、0.036 和 0.102。图 3.20 所示为 1961—2017 年夏季南亚高压中心经度指数与高原雨季降水第 1 模态时间系数的时间序列,可以看到南亚高压中心经度指数与高原雨季第 1 模态时间系数在 1978—1985 年和 1995—2010 年变化基本相对一致,相关性较好,计算此两时段的相关系数,分别为 0.761 和 0.646,均通过 0.05 的显著性水平。这表明南亚高压中心经度在上述时段对高原雨季降水第 1 模态存在显著的影响,当南亚高压中心经度指数偏大(即南亚高压位置偏东)时,高原雨季降水易出现第 1 模态正位相“北多南少”的特征,而当南亚高压中心经度指数偏小(即南亚高压位置偏西)时,高原雨季降水易出现第 1 模态反位相“北少南多”的特征。

图 3.21 为 1961—2017 年夏季南亚高压中心经度指数正异常年(南亚高压偏东年)和负异常年(南亚高压偏西年)合成的高原雨季降水的正距平概率,可以看到南亚高压中心经度指数正异常年,也就是南亚高压中心位置异常偏东时,高原降水易呈现“北多南少”的特征,青海大部降水正距平概率在 50%以上(图 3.21a);南亚高压中心经度指数负异常年,南亚高压中心位置异常偏西时,高原降水易呈现“北少南多”的特征,高原南部正距平概率大于 50%(图 3.21b)。

由上述分析可知,高原雨季降水呈“北多南少”时,对应的环流特征主要表现为 500 hPa 高度场上东欧至乌拉尔山高压偏强,而巴尔喀什湖至贝加尔湖地区上空低

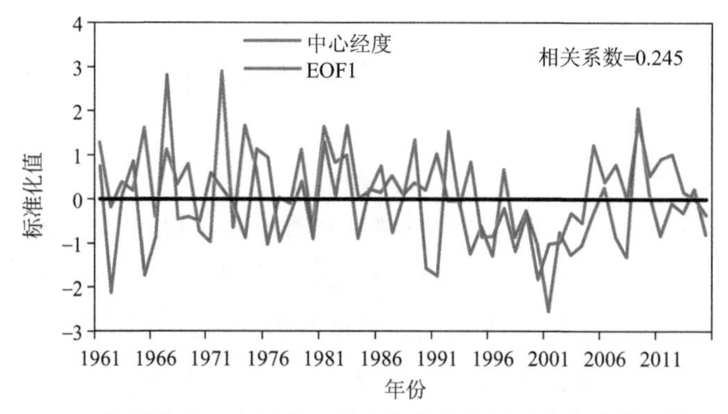

图 3.20　1961—2017 年夏季南亚高压中心经度指数与高原雨季降水第 1 模态时间系数序列

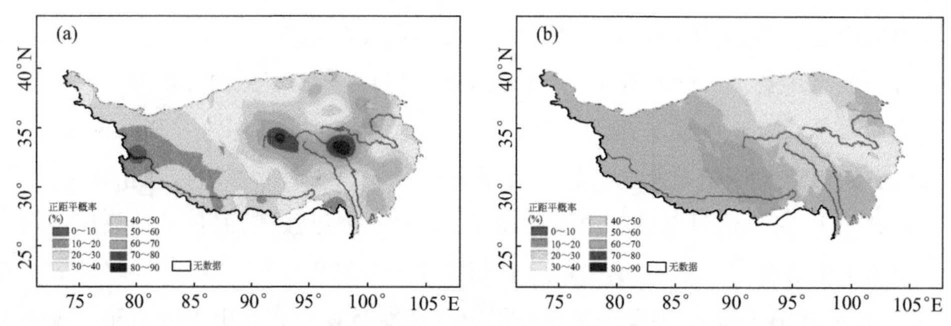

图 3.21　1961—2017 年夏季南亚高压中心位置异常偏西年(a)和偏东年(b)
高原雨季降水正距平概率

槽偏强，西太平洋副高偏强偏北，有利于冷空气的南下和暖湿气流北上，冷暖气流在高原北侧交汇，利于高原北部降水的形成，而高原南部大部地区为异常反气旋性环流控制，降水偏少。同时，高原北侧对流活动偏强，大气以上升运动为主，利于水汽辐合，形成降水；而高原南侧对流活动偏弱，以下沉运动为主，不利于降水的形成。从 200 hPa 高空副热带西风急流来看，中东急流入口处北侧纬向风偏强，南侧纬向风偏弱；同时位于贝加尔湖以南地区的急流显著偏强。高原雨季降水呈“北少南多”时，特征基本相反。

从遥相关角度来讲，位于对流层的“欧亚遥相关”和对流层中上层的“丝绸之路”遥相关对高原雨季降水第 1 模态具有重要影响：高原雨季期间欧亚 EU1 型遥相关指数与雨季降水第 1 模态时间系数呈显著的正相关关系，相关系数达 0.585，远远超过 0.001 极显著的水平(0.417)；“丝绸之路”遥相关的影响主要表现为当高原雨季降水第 1 模态呈正位相时(北多南少)，同期 200 hPa 经向风场表现为 Krishnan 和 Sugi (2001)研究的丝绸之路遥相关反位相特征。

从 100 hPa 高度来看，夏季南亚高压中心经度对高原雨季降水第 1 模态存在显著的影响，当南亚高压中心经度指数偏大(即南亚高压位置偏东)时，高原雨季降水易出现第 1 模态正位相“北多南少”的特征，而当南亚高压中心经度指数偏小(即南亚高压位置偏西)时，高原雨季降水易出现第 1 模态反位相“北少南多”的特征。此正相关关系存在一定的年代际变化特征。

当高原雨季降水呈第 2 模态正位相特征(一致偏多)时，对应的 500 hPa 高度场(图 3.22a)，欧亚中高纬大部为正高度距平所控制，正距平中心位于乌拉尔山地区和鄂霍次克海地区上空，地中海附近和贝加尔湖以北的俄罗斯地区上空为负高度距平。高原及中国大部上空均为弱的正高度距平所控制。500 hPa 环流特征显示乌拉尔山地区高压偏强，而巴尔喀什湖至贝加尔湖地区高度场相对偏低，有利于冷空气南下入侵高原；同时西太平洋副热带高压偏西偏北，利于引导南方水汽北上。从合成的 500 hPa 风场来看，乌拉尔山地区为异常反气旋性环流易引导偏北气流南下；而高原及其西侧为气旋性环流，气旋性环流东侧的偏南风将南部的暖湿气流输送至高原，冷暖空气在高原交汇，共同作用产生降水。

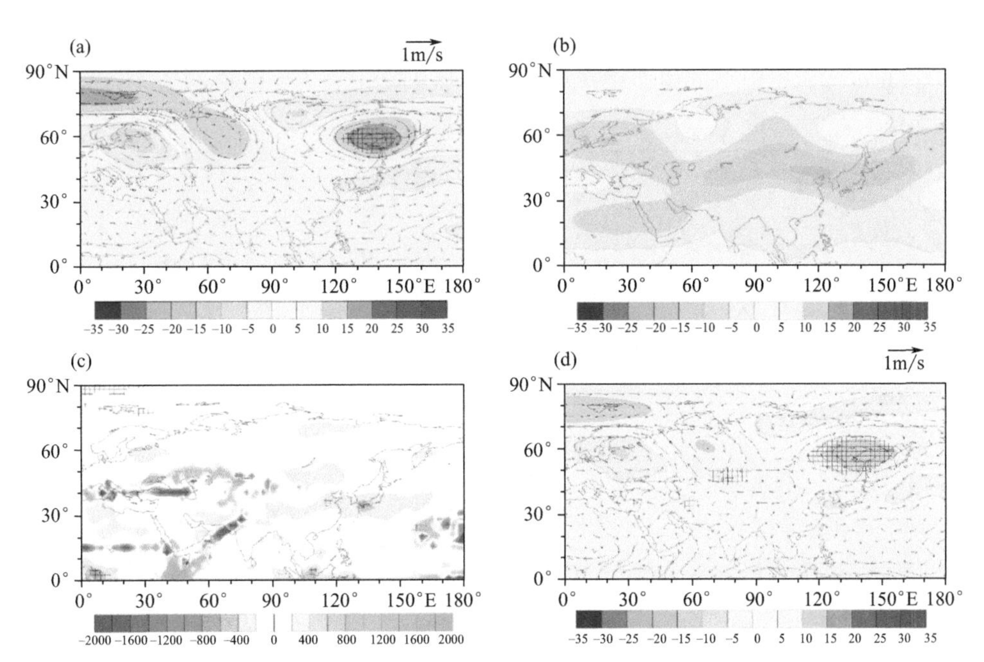

图 3.22　高原雨季降水第 2 模态正位相年(一致偏多)500 hPa 高度场及风场(a)、100 hPa (b)高度场、向外长波辐射(OLR)(c)和 700 hPa 高度场、风场合成(d)

(阴影区显示通过 0.05 信度的显著性检验)

高原雨季降水第 2 模态正异常年合成的 100 hPa 高度场(图 3.22b)，显示出与

500 hPa 高度场相似的环流配置,区别在于乌拉尔山地区和鄂霍次克海地区上空的正距平强度显著减弱,范围减小,而地中海附近和巴尔喀什湖以西至贝加尔湖地区上空为负高度距平,范围南扩,强度增强,中国及高原大部为负高度距平所控制。

同样的,合成的 700 hPa 高度场(图 3.22d),显示出与 100 hPa、500 hPa 高度场相似的环流分布特征,区别在于乌拉尔山地区和鄂霍次克海地区上空的正距平区范围扩展,贝加尔湖以北地区上空的为负高度距平,范围北缩,巴尔喀什湖地区上空为明显的正高度距平。从对应的 700 hPa 风场来看,在高原以北地区上空存在明显的反气旋环流,高原大部地区为弱的气旋性环流,冷暖气流在高原交汇形成降水异常(图 3.22d)。

从高原雨季降水第 2 模态正异常年的合成的 OLR 场可以看出(图 3.22c),高原雨季降水呈一致偏多型时,整个高原上空为 OLR 负异常区,表明因高原热力作用产生的对流活动偏强。从垂直速度高度-纬度剖面图来看(图 3.24a),当高原雨季降水呈一致偏多型时,在 25°～40°N 为中心的高原地区存在明显的上升运动,上升高度主要集中于 700～250 hPa。

当高原雨季降水呈第 2 模态负位相特征(一致偏少)时,对应的 500 hPa 高度场(图 3.23a),乌拉尔山地区和鄂霍次克海地区上空为负距平所控制,中国大部为正高

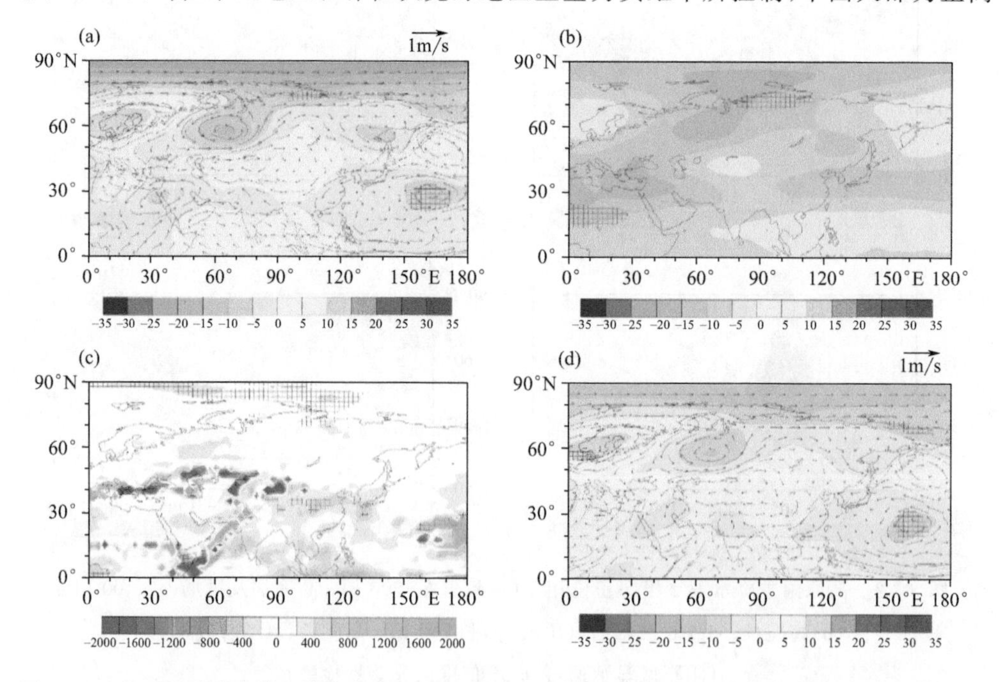

图 3.23 高原雨季降水第 2 模态负位相年(一致偏少)500 hPa(a)、100 hPa(b)高度场、OLR(c)和 700 hPa 高度场、风场合成(d)(阴影区显示通过 0.05 信度的显著性检验)

度距平控制，正距平中心位置位于高原上空。从合成的500 hPa风场来看，乌拉尔山地区为异常气旋性环流，不易引导偏北气流南下；而高原为显著的反气旋性环流，此种配置不利于极地冷空气南下，同时也阻挡了南部暖湿气流的输送不利于高原降水的形成。高原雨季降水第二模态负异常年合成的100 hPa高度场(图3.23b)，欧亚地区均为负高度距平控制，相对的高低值中心位置同样显示出与500 hPa高度场相似的环流配置，不利于高原降水的形成。

同样的，合成的700 hPa高度场(图3.23d)，显示出与100 hPa、500 hPa高度场相似的环流配置，区别在于高原上空的正高度距平中心范围有所扩展。从对应的700 hPa风场来看，乌拉尔山至巴尔喀什湖以北地区上空存在气旋性环流，而高原上空存在明显的反气旋环流，不利于高原降水形成(图3.23d)。

从高原雨季降水第2模态负异常年的合成的OLR场可以看出(图3.23c)，高原雨季降水呈一致偏少型时，整个高原上空OLR为显著的负异常区，显示对流活动明显偏弱。从垂直速度高度-纬度剖面图来看(图3.24b)，当高原雨季降水呈一致偏少型时，在25°～40°N为中心的高原地区，30°N以北存在显著的下沉运动，下沉高度集中于700～300 hPa，而30°N以南的高原上空，850～700 hPa大气也是显著下沉，700 hPa以上为弱的上升运动。

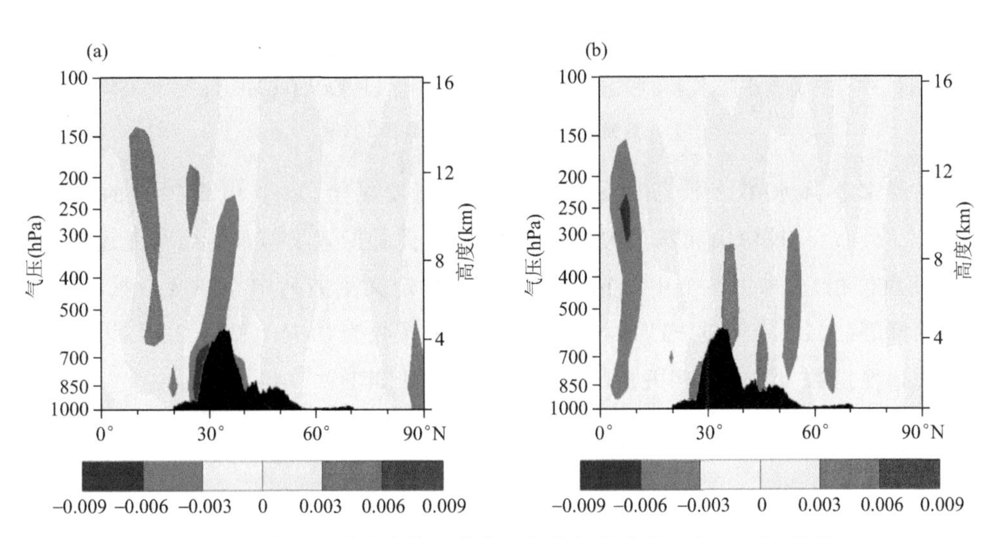

图3.24 高原雨季降水第2模态正负位相合成的75°～105°E平均垂直速度高度-纬度剖面(单位：m/s)

(a)为正位相；(b)为负位相

为了进一步分析高原雨季降水呈第2模态的环流特征，将高原雨季降水EOF第二模态的时间系数与500 hPa和100 hPa高度场做了回归(图3.25a)。从图中可以看出，当高原雨季降水呈第2模态正位相异常特征时，即高原雨季降水一致偏多时，500 hPa高度场上，中高纬地区存在四个明显的正距平区，分别位于格陵兰岛附近、巴尔喀什湖以北的西西伯利亚地区、鄂霍次克海及东北太平洋地区。欧亚地区自高纬到中纬度呈现西北—东南向的“＋－＋”波列分布，其中乌拉尔山和鄂霍次克海地区上空为显著正异常，巴尔喀什湖以南为相对的负异常(图3.25a)。100 hPa高度场上，中高纬地区的正距平区更加明显，而巴尔喀什湖以北的西西伯利亚地区、鄂霍次克海地区的正距平强度和范围均有所减小。欧亚地区自高纬到中纬度呈现西北—东南向的“＋－＋”波列分布明显，中国东部地区的正高度距平范围加大(图3.25b)。

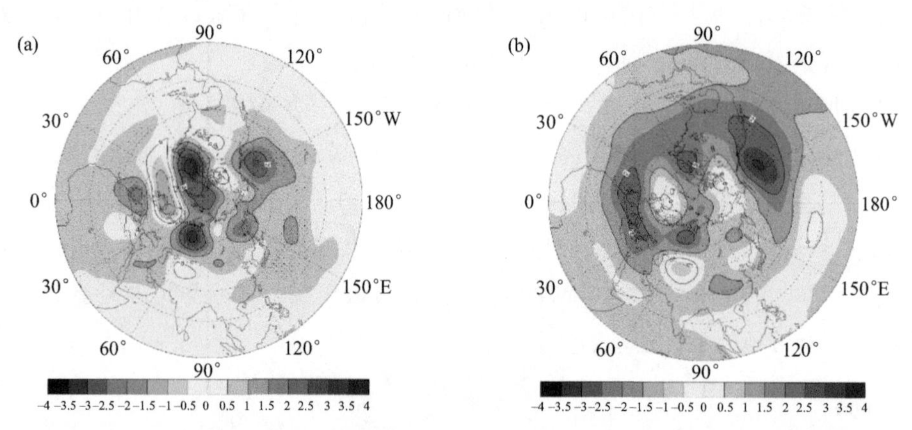

图3.25 高原雨季降水第2模态时间系数回归的500 hPa(a)、100 hPa(b)位势高度场

(打点区显示通过0.05信度的显著性检验)

高原雨季降水第2模态回归的500 hPa高度场上，欧亚中高纬自西向东呈“＋－＋”分布，乌拉尔山和鄂霍次克海高压偏强，此种配置类似于传统欧亚遥相关波列(EU负位相)。采用各个中心相关较强的中心定义了波列中心梯度指数，发现其与邹珊珊等(2013)定义的EU遥相关指数的相关系数为0.710(图3.26a)，因此我们认为此梯度指数为欧亚遥相关指数。具体定义方法如下：

$$\text{Index2} = -\frac{1}{4}Z^{*}(60°\text{N},0°\text{E}) + \frac{1}{2}Z^{*}(60°\text{N},65°\text{E}) - \frac{1}{4}Z^{*}(60°\text{N},110°\text{E}) \quad (3.2)$$

式中，Z^{*}表示经过标准化处理的500 hPa位势高度场，同样地，为便于分析，将计算后的Index2指数也进行标准化处理，得到标准化时间序列。

图3.26b显示高原雨季期间传统欧亚遥相关指数Index2与雨季降水第2模态时间系数的年变化序列。可以看到两序列在20世纪90年代呈反相关外，其余时段总体变化趋势一致。计算1961—2017年两序列的相关系数，发现达0.424，相关性通过了0.001水平的极显著检验。

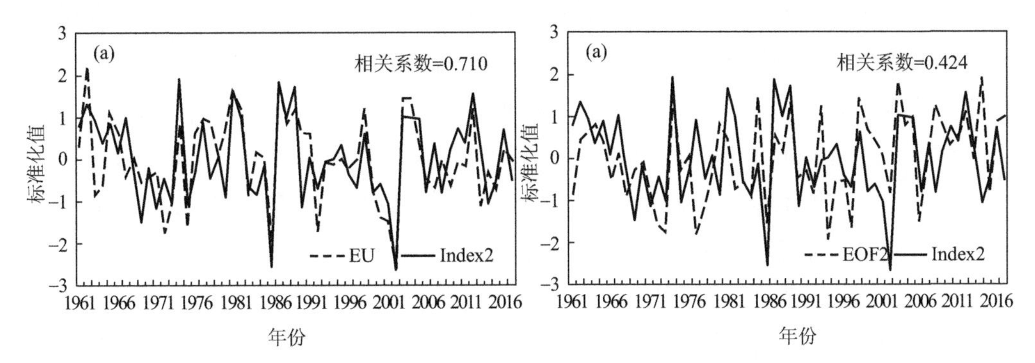

图3.26 1961—2017年5—9月Index2与欧亚型(EU)遥相关指数的年时间序列(a)和Index2指数与青藏高原雨季降水EOF第2模态时间系数的标准化时间序列(b)

由此可见,欧亚遥相关是影响青藏高原雨季降水的一个重要影响因子,EU1型遥相关(SCAND)主要影响高原雨季降水第1模态,而传统EU欧亚遥相关型则主要影响高原雨季降水第2模态。

高原雨季第2模态降水与中东急流和东亚急流中心强度呈显著正相关关系。当第2模态降水处于正位相(一致偏多)时,欧亚地区副热带高空急流整体处于偏强的状态,位于新疆附近地区急流北侧和南侧的纬向风偏弱,东亚急流出口区北侧的纬向风也偏弱(图3.27a)。

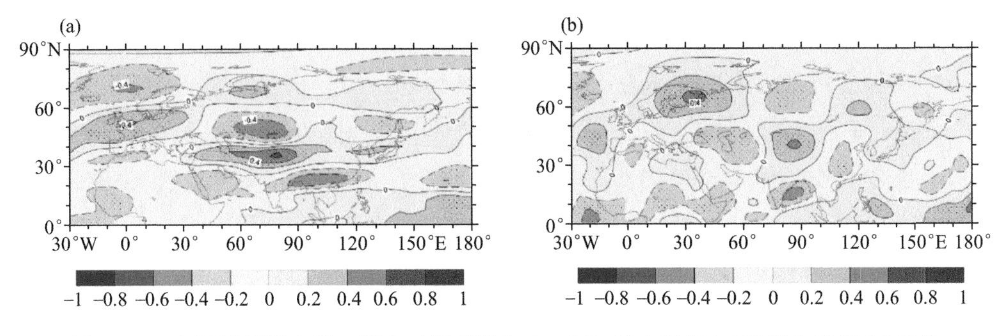

图3.27 高原雨季降水第2模态时间系数与200 hPa纬向风场(a)和经向风场(b)相关

第2模态时间系数与同期200 hPa经向风相关场可以看出,高原雨季降水呈现出第2模态正位相时,同期200 hPa经向风场尽管存在一定的波列,但中纬度和高纬度地区波列呈现反位相特征:50°N以南,自西亚至东亚地区存在"－＋－"波列,正值中心位于巴尔喀什湖及其东南部地区,负值中心分别位于西亚和东亚地区;而50°N以北,自西亚至东亚地区存在"＋－＋"波列,正值区位于东欧和俄罗斯东部,负值区位于西西伯利亚平原(图3.27b)。

由上述分析可知，高原雨季降水呈“一致偏多”时，对应的环流特征主要表现为500 hPa高度场上乌拉尔山和鄂霍次克海高压偏强，高原及其以西地区上空为相对的高度场偏低区，盛行气旋性环流，此种配置有利于冷空气南下和暖湿气流北上，冷暖气流在高原地区交汇，易形成高原异常降水。同时，整个高原上空OLR为显著的负异常区，对流活动偏强，且在25°～40°N为中心的高原地区上空大气存在明显的上升运动。高原雨季第2模态降水与中东急流和东亚急流中心强度呈显著正相关关系。200 hPa高空副热带西风急流来看，高原雨季降水处于第2模态正异常年（一致偏多）时，欧亚地区高空急流整体处于偏强的状态，位于新疆附近地区急流北侧和南侧的纬向风偏弱，东亚急流出口区北侧的纬向风也偏弱。高原雨季降水呈“一致偏少”时，特征基本相反。

从遥相关角度来讲，位于对流层的欧亚遥相关对高原雨季降水第2模态具有重要影响：高原雨季降水第2模态回归的500 hPa高度场上，欧亚中高纬自西向东呈“＋－＋”分布，乌拉尔山和鄂霍次克海高压偏强，此种配置类似于传统欧亚遥相关波列（EU负位相）。采用各个中心相关较强的中心定义的传统欧亚遥相关指数，发现该指数与雨季降水第2模态时间系数正相关系数达0.424，通过了0.001水平的极显著检验。也就是说，当欧亚上空呈现传统欧亚遥相关正（负）位相特征时，高原降水将呈一致偏多（一致偏少）的形态。

3.2.3 “丝绸之路”遥相关型对雨季降水异常的影响

“丝绸之路”遥相关也被称为“丝绸之路”波列，是北半球夏季环球遥相关的重要组成部分。它的名字最早由Enomoto等（2010）提出，具体表现形式为在欧亚大陆对流层上部（约200 hPa），沿着亚洲副热带急流轴（约40°N附近），在东欧、中亚、蒙古国和朝鲜半岛—日本的位势高度距平场（或相对涡度距平场）呈现“＋－＋－”（或“－＋－＋”）的交替变化，其位置很固定（图3.28）。它通过欧亚大陆以及西太平洋

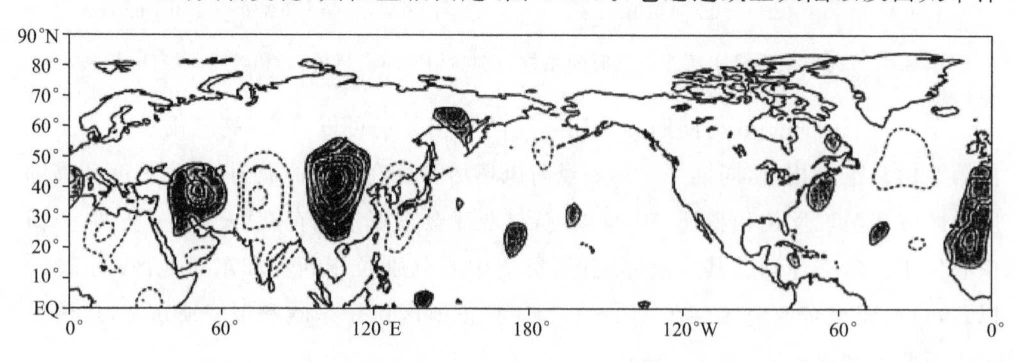

图3.28　丝绸之路遥相关，引自Lu等（2002）

及其他环流成员相互作用对夏季亚欧大陆中纬度天气气候产生影响(陆日宇和富元海,2009)。Lu 等(2002)认为该遥相关在东亚地区对应着东亚高空急流的经向偏移。Krishnan 和 Sugi(2001)研究表明,“丝绸之路”波列有三个典型的活动中心,分别位于西—中亚(50°～85°E,30°～50°N)、蒙古(85°～110°E,30°～50°N)和远东(110°～145°E,30°～50°N),对应为“+－+”的涡度异常场。由以上分析可知,高原雨季降水第 1 模态所对应的 200 hPa 经向风场表现出了 Krishnan 和 Sugi(2001)、Lu 等(2002)研究的“丝绸之路”遥相关特征。Hong 和 Lu(2016)指出,急流经向偏移指数表征丝绸之路遥相关年际变化的效果较好,且形式简便。因此,本小节将采用 Hong 和 Lu(2016)定义的急流经向偏移指数来表征丝绸之路遥相关,进一步分析其与高原雨季降水的关系。他们定义急流经向偏移指数为 200 hPa 夏季 40°～55°N,40°～150°E 平均纬向风和 25°～40°N,40°～150°E 平均纬向风的差值。

$$I_{JMD}=\overline{U}(40°\sim55°N,40°\sim150°E)-\overline{U}(25°\sim40°N,40°\sim150°E) \quad (3.3)$$

图 3.29 为 1961—2017 年 5—9 月急流经向偏移指数回归的 200 hPa 经向风场,可以看到 200 hPa 经向风场自西向东存在显著的波列,该波列在 30°E 的部分就是 Lu 等(2002)研究的“丝绸之路”遥相关波列中心。与该波列相比,高原雨季降水 EOF 第 1 模态时间系数与 200 hPa 经向风相关场(图 3.19b)的正负相关显著区基本一致,只是 EOF 第 1 模态相关场中心正负相关显著区位置略微偏西。

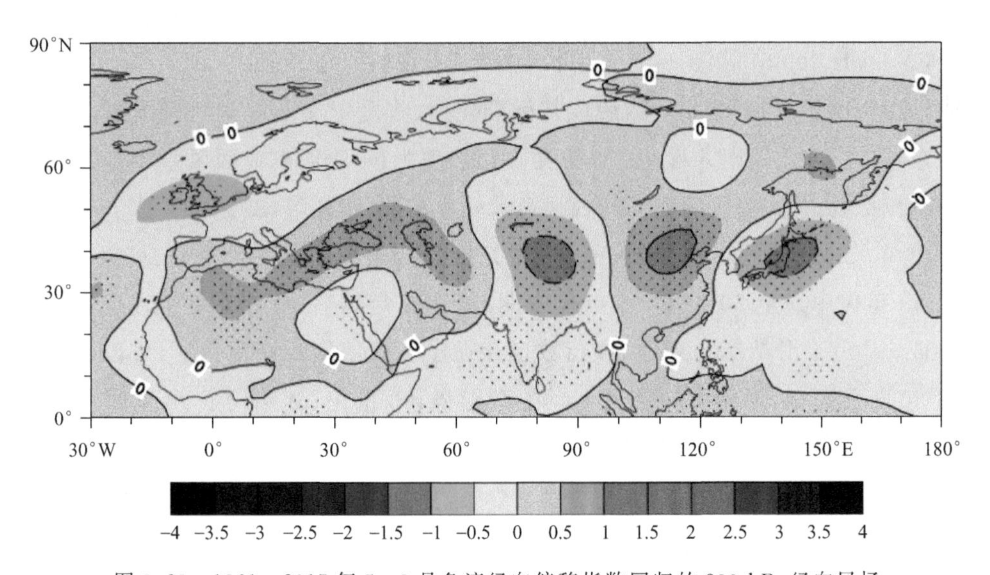

图 3.29　1961—2017 年 5—9 月急流经向偏移指数回归的 200 hPa 经向风场

图 3.30 显示急流经向偏移指数与高原雨季降水前 2 模态时间系数的相关关系,可以看到,高原雨季降水第 2 模态与急流经向偏移指数存在显著的相关关系,相关系

数为－0.290。也就是说,当高原上空出现"＋－＋－(－＋－＋)"丝绸之路遥相关波列时,高原雨季降水呈现第2模态正(负)位相特征,即高原雨季降水呈一致偏多型(一致偏少型)。当该波列位置偏西时,高原雨季降水呈现第1模态分布特征。

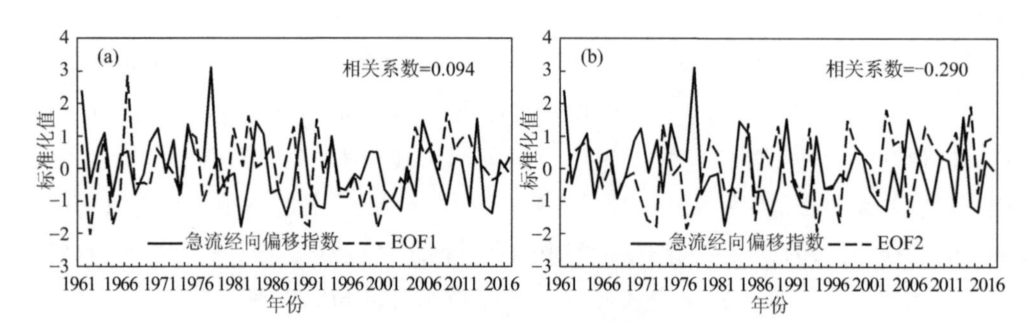

图3.30　1961—2017年5—9月急流经向偏移指数和青藏高原雨季降水EOF前2个模态时间系数的标准化序列

(a)EOF1;(b)EOF2

3.2.4　高空急流对雨季降水异常的影响

由之前分析可知,高原雨季降水前两个模态都与副热带西风急流强度存在显著的相关关系,下面具体分析东亚副热带高空急流位置对高原雨季降水的影响。

利用Liang和Wang(2010)和Lin和Lu(2005)定义东亚高空急流位置指数的办法,将5—9月200 hPa(20°～30°N,110°～130°E)区域与(40°～50°N,110°～130°E)区域平均纬向风相减(南减北),然后取其标准化值,将之定义为东亚急流指数,以此来反映东亚高空急流的南北移动。东亚急流指数值为正,表明东亚西风急流比较偏南;东亚急流指数值为负,则表明东亚西风急流比较偏北(李超等,2015)。

图3.31显示1961—2017年5—9月东亚急流指数的年变化特征,可以看到20世纪60年代中期至20世纪80年代中期及2000年以后,该指数存在显著年际变化特征,从11 a滑动平均来看,该指数也存在显著的年代际变化特征,可以看到20世纪80年代之前,该指数呈缓慢波动上升趋势,20世纪80年代至20世纪90年代中期,上升趋势明显,20世纪90年代中期至21世纪00年代,呈波动下降趋势,之后又呈波动稳定状态。

图3.32a为东亚急流指数的累积距平曲线,累积距平曲线呈上升趋势,表示东亚急流指数增大,累积距平曲线呈下降趋势,表示东亚急流指数减小。由图中曲线可以看出,1961—1985年,东亚急流指数呈减小趋势,1986—2002年东亚急流指数呈明显增大趋势,2002—2017年东亚急流指数呈波动稳定状态。

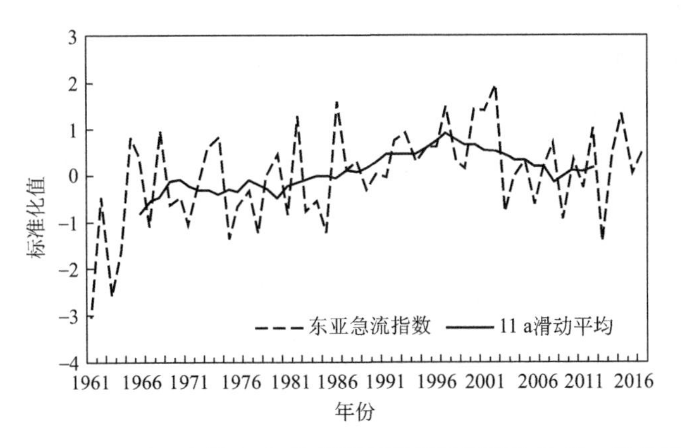

图 3.31　1961—2017 年 5—9 月东亚急流指数年变化及 11 a 滑动平均

图 3.32b 进行了突变检测，当曲线 UF/UB 的值大于(小于)0 时，表明序列呈上升(下降)趋势，并且当曲线 UF/UB 曲线超过信度线时，则表明序列有显著上升(下降)趋势(魏凤英，2009)。由图中 UF 曲线可见，UF 值在 1961—2017 年一直为正，1992 年后超过信度线，表明该时段东亚急流指数总体有上升趋势，1992 年之后上升趋势显著。M-K 突变检测中，若 UF 和 UB 曲线相交于信度线之间，则该点为突变点，注意到，UF 和 UB 曲线在 20 世纪 60 年代后期至 20 世纪 70 年代中期一直交叉，对照东亚急流指数年变化序列，可知该时段呈现不稳定变化，1978 年为一突变点，1978 年之后东亚急流指数呈显著上升趋势，即 1978 年之后东亚急流呈现南移的特征。

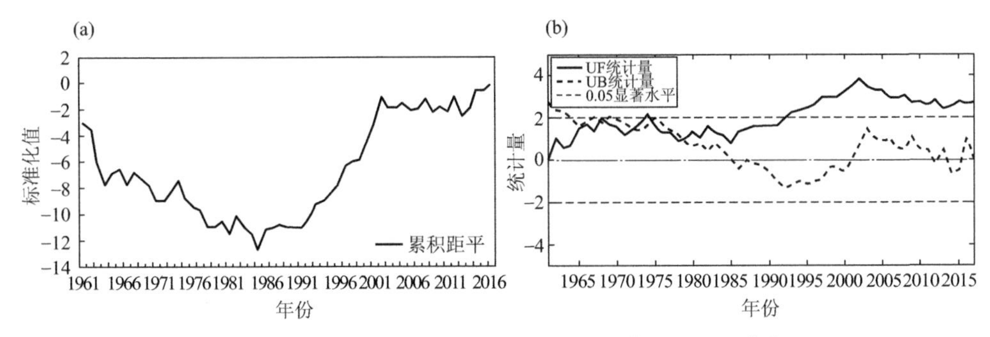

图 3.32　1961—2017 年 5—9 月东亚急流指数累积距平曲线(a)

及 Mann－Kendall 方法统计量曲线(b)

图 3.33a—d 显示高原雨季降水前 2 模态时间系数分别与东亚急流和中东急流指数的标准化时间序列。可以看出，东亚急流指数与高原雨季降水第 1 模态时间系数存在明显的反相关关系，相关系数为－0.353，通过了 0.01 水平的显著性检验

(0.333)，表明当东亚急流较偏北的时候，高原雨季降水容易表现出第1模态正位相北多南少的特征(图3.33a)。而中东急流指数与其相关不显著，表明中东急流位置对高原雨季降水第1模态的影响不如东亚急流显著(图3.33b)。东亚急流指数和中东急流指数与高原雨季降水第2模态时间系数存在不明显的反相关关系，表明当东亚西风急流和中东急流位置对高原雨季降水第2模态的影响均不显著(图3.33c—d)。

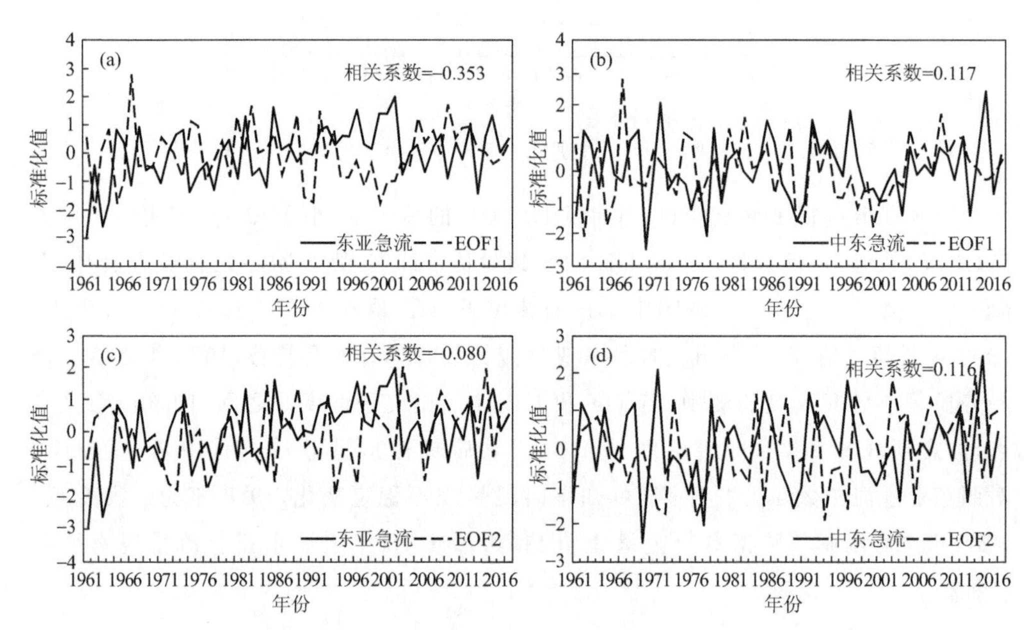

图3.33　1961—2017年5—9月东亚急流指数(左)和中东急流指数(右)与青藏高原雨季降水EOF前2个模态时间系数的标准化序列

(a)、(b)为EOF1；(c)、(d)为EOF2

为了分析东亚西风急流与高原雨季降水之间的年代际变化关系，我们也对雨季降水EOF1模态的时间系数序列做了年际和年代际特征分析。

图3.34a显示1961—2017年高原雨季降水EOF1模态时间序列PC1的年变化和11 a滑动平均，可以看到，20世纪90年代之前，PC1序列存在显著年际变化特征，年际波动明显，20世纪90年代之后，年代际特征显著。从11 a滑动平均来看，可以看到20世纪80年代中期之前，PC1曲线相对平稳，20世纪80年代中期至20世纪90年代后期，呈缓慢下降趋势，21世纪00年代至21世纪10年代初，PC1呈显著上升趋势，之后又呈下降趋势。

图3.34b对高原雨季降水EOF1模态的时间序列PC1进行了M-K突变检测，

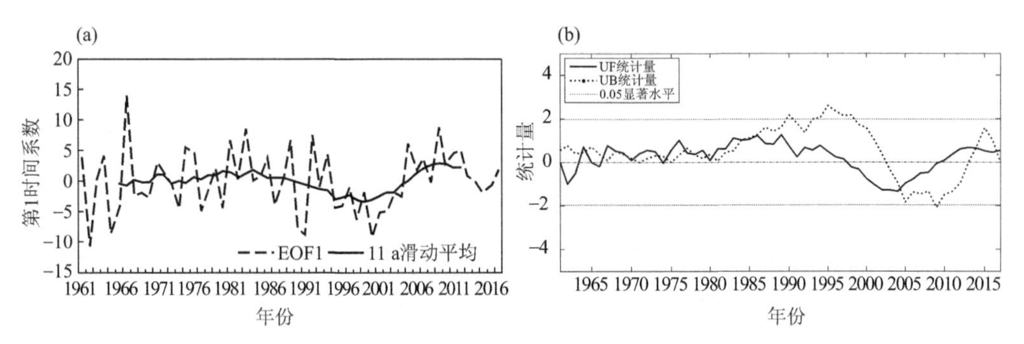

图 3.34　1961—2017 年 5—9 月第 1 模态对应的时间系数(a)及 Mann-Kendall 方法统计量曲线(b)

图中 UF 和 UB 曲线在 20 世纪 60 年代后期至 20 世纪 80 年代中期一直交叉，对照 PC1 年变化序列，可知该时段呈现不稳定变化，之后两曲线相交于 2004 年，表明 2004 年为突变点，1985—2004 年，PC1 显著下降，2004—2014 年之后显著上升，2014 年之后又呈不稳定状态。

图 3.35a 显示对高原雨季降水 EOF1 模态的时间序列 PC1 和东亚急流指数 11 a 滑动平均序列，可以看到两序列存在明显的年代际反相关关系。该关系在 20 世纪 80 年代中期之前及 20 世纪 90 年代至 21 世纪 00 年代初期相对明显。统计其相关系数，为 −0.612，通过 0.001 的极显著水平。从 21 a 滑动相关曲线来看（图 3.35b），在 20 世纪 90 年代之前，东亚急流指数与高原雨季降水第 1 模态的负相关关系逐渐减弱，之后逐渐加强。也就是说，从年代际角度来讲，东亚急流偏北，有利于高原雨季降水呈 EOF 第 1 模态正位相特征（北多南少），而急流偏南，有利于高原雨季降水呈 EOF 第 1 模态反位相特征（北少南多），这种关系在 20 世纪 90 年代中期之后有所加强。

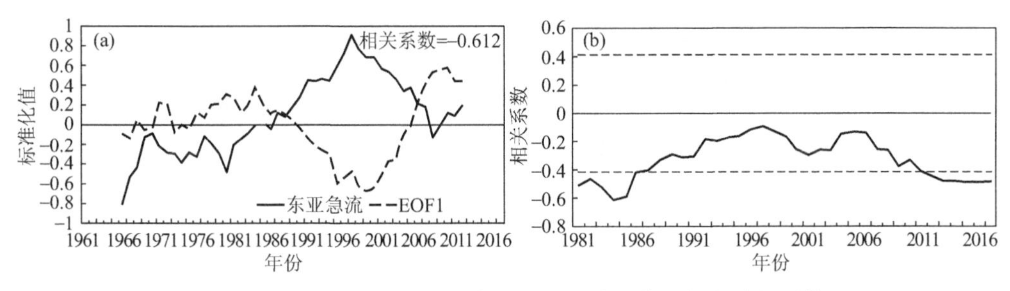

图 3.35　1961—2017 年 5—9 月东亚急流指数和第 1 模态时间系数 11 a 滑动平均序列(a)及 21 a 滑动相关(b)

3.3 高原雨季的水汽输送特征

高原及其附近地区的水汽输送对降水起着重要作用。此外，前人较多地关注了高原雨季降水最主要的分布型的水汽条件，而对其他分布型的水汽条件研究略少。本节拟在已有研究的基础上，分析高原雨季降水在不同分布型时的水汽来源、输送路径和水汽收支特征，以及对高原主体水汽输送在高原雨季的不同阶段的重要贡献的因子有哪些，并讨论雨季期间高原各边界的水汽贡献，对认识高原雨季水资源的分布和利用有重要意义。

雨季起讫时间是高原季节转换的主要特征之一，了解雨季起讫期的变化是研究雨季变化特征的基础。为了能够更为清晰地研究其是否具有显著的年际变化特征，以 33°N 为界将高原分为南、北两个区域，将大于等于 33°N 的站点(58 站)划分为北区，小于 33°N(51 站)的站点划分为南区。从图 3.36 可以看出，去除年代际变化后的高原南区、北区雨季降水的年际变化更明显，以高原南区、北区雨季降水呈反位相变化为主要特征，其中以 1962 年、1967 年、1990 年、1995 年南、北区域反位相变化最为明显，即高原南区雨季降水最小(大)时，高原北区雨季降水为最大(小)。但是，从图 3.37a 和 b 也可以看出，高原雨季降水也存在南、北区雨季降水一致偏多(少)的变化特征，尤其是在 1997 年之后，即高原北区雨季降水偏多(少)时，南区降水偏多(少)。

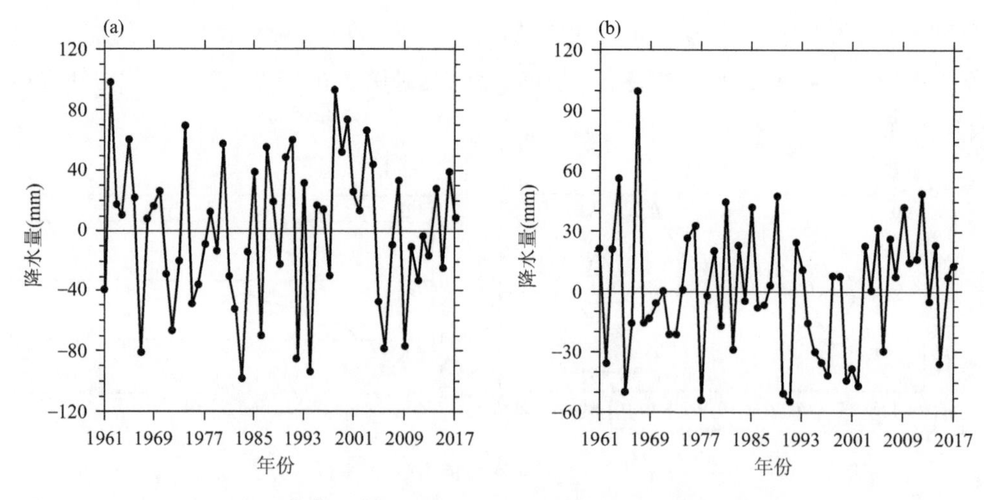

图 3.36 1961—2017 年青藏高原南区(a)、北区(b)雨季降水去趋势后区域平均降水量年际序列

为了验证高原南、北区雨季降水的一致性是否为主要的分布型，对所选取的高原

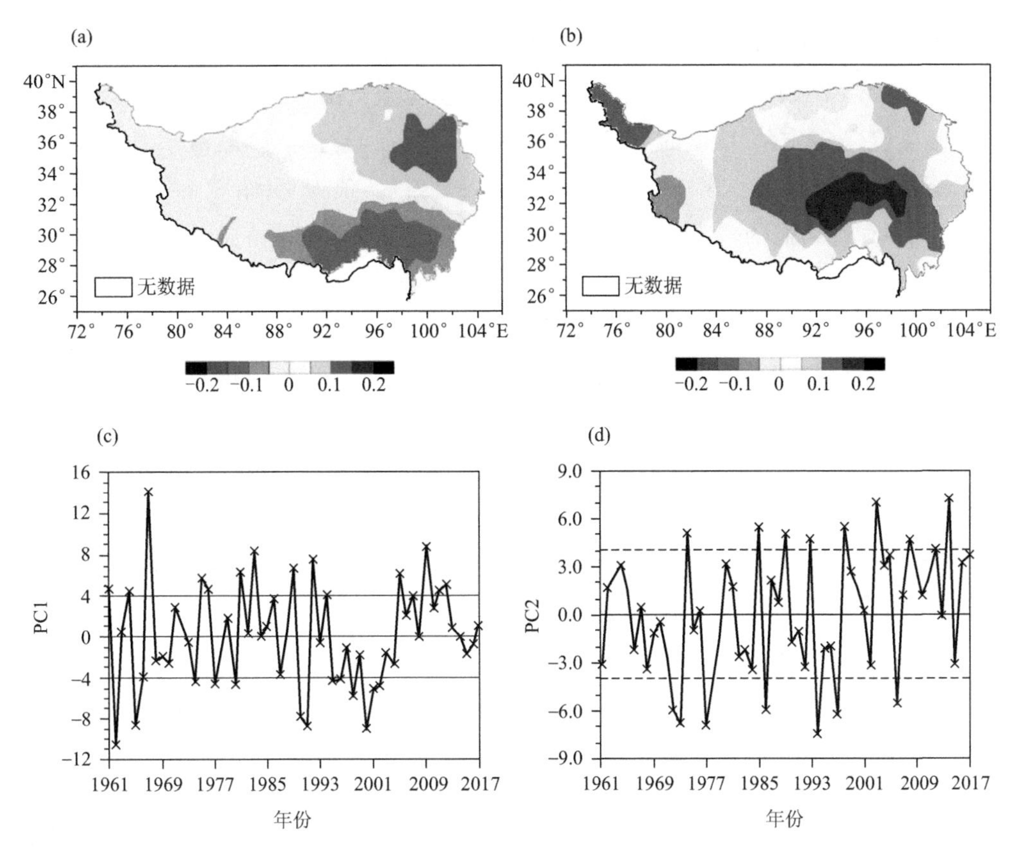

图3.37 1961—2017年青藏高原雨季降水异常EOF分解前2模态空间分布型(a)、(b)及其标准化时间系数序列(c)、(d)

109个站点1961—2017年雨季降水量进行EOF分解，得到其主要空间模态及各模态对应的时间系数，前5个模态的累积方差贡献率达54.8%，经North等(1982)检验，能反映出青藏高原雨季降水量的主要空间分布特征。前两个模态能够体现高原雨季降水典型空间分布型，对前两个模态时间系数进行标准化处理，并根据不同的时间系数标准化值定义各模态正、负异常年。

图3.37给出了EOF展开后第1、第2模态对应空间型及其时间系数(PC)，反映出高原雨季降水的两种主要的空间分布型。从第1模态空间分布型(图3.37a)可以看出，高原雨季降水北多南少，负值中心位于高原南缘，雅鲁藏布江中下游地区，正值中心位于青海湖南部地区，方差贡献为22.1%，这种分布与高原地形及西太平洋副热带高压的位置有关，当西太平洋副热带高压北跳时，高原北部降水通常是增加的；第1时间系数标准化值(PC1)呈现明显的年代际变化，且正(负)位相分别对应高原

雨季降水北多(少)南少(多)分布型(图 3.37c)。

第 2 模态空间分布型(图 3.37b)反映了高原雨季降水干湿变化的一致性,即高原整体降水偏多或偏少,高值中心位于高原腹地,方差贡献率为 12.6%;第 2 时间系数标准化值(PC2)存在明显的年际和年代际变化特征,且正(负)位相分别对应高原雨季降水一致偏多(少)分布型,1997 年以来,PC2 以正值为主(图 3.37d),青藏高原在 1997 年存在明显的增暖突变(郑然等,2015),表明气候变暖背景下高原雨季降水具有一致偏多的响应特征。

由以上研究可知,高原降水南北一致分布型可以作为高原雨季降水的主要特征。那么这种分布型对应的水汽条件是怎样的? 因此,下面将着重分析高原雨季降水一致偏多(少)时的水汽输送情况。

根据 EOF 第 2 特征向量时间系数(图 3.37d),挑选出多雨年(标准化系数大于 4)6 a(1974、1985、1989、1998、2003、2004 年),少雨年(标准化系数小于 −4)7 a(1972、1973、1977、1986、1994、1997、2006 年),进一步研究多雨、少雨年的水汽输送的演变及差异。

在对异常年进行研究之前,首先了解气候态(1981—2010 年)高原雨季期间的水汽输送形势。受多种季风的影响,高原及附近水汽输送的情况较为复杂(Wu et al.,2012;戴加洗,1990)。从图 3.38 可以看出,来自阿拉伯海的偏西风水汽输送在孟加拉湾附近分为 3 支水汽输送气流:一支向北输送,通过高原南部河谷等有利地形有少量水汽进入高原;一支在南海附近转为偏南风水汽输送;一支受高原大地形的阻挡作用转为偏西风水汽输送。

水汽通量 Q 及其散度 D 采用以下公式进行计算,二者对于表征水汽丰沛程度及水汽收支非常重要,辐散中心(散度为正)是水汽源区,辐合中心(散度为负)是水汽汇区。

$$Q=\frac{1}{g}\int_{p_u}^{p_s} q\boldsymbol{V}\mathrm{d}p \tag{3.4}$$

式中,Q 包括纬向水汽通量 Q_λ 和经向水汽通量 Q_φ :

$$Q_\lambda=\frac{1}{g}\int_{p_u}^{p_s} qu\,\mathrm{d}p\ ,\ Q_\varphi=\frac{1}{g}\int_{p_u}^{p_s} qv\,\mathrm{d}p \tag{3.5}$$

水汽通量散度:

$$\boldsymbol{D}=\nabla\cdot\boldsymbol{Q}=\frac{1}{a\cos\varphi}\left(\frac{\partial Q_\lambda}{\partial\lambda}+\frac{\partial Q_\varphi\cos\varphi}{\partial\varphi}\right) \tag{3.6}$$

式(3.4)—(3.6)中,g 为重力加速度,p_s 为下边界气压,p_u 为上边界气压,$\boldsymbol{V}$ 是单位气柱各层大气的风速矢量,u、v 是纬向风和经向风,q 为比湿。

各边界积分的水汽输送表示为：

$$
\begin{aligned}
Q_W &= \sum_{\varphi_1}^{\varphi_2} Q_u(\lambda_1, y, t) \\
Q_E &= \sum_{\varphi_1}^{\varphi_2} Q_u(\lambda_2, y, t) \\
Q_S &= \sum_{\lambda_1}^{\lambda_2} Q_v(x, \varphi_1, t) \\
Q_N &= \sum_{\lambda_1}^{\lambda_2} Q_v(x, \varphi_2, t)
\end{aligned}
\tag{3.7}
$$

区域的总水汽收支为：

$$Q_T = Q_W + Q_E + Q_S + Q_N \tag{3.8}$$

式中，Q_W，Q_E，Q_S，Q_N 分别为西边界、东边界、南边界、北边界的水汽收支，Q_T 为总的净水汽收支。

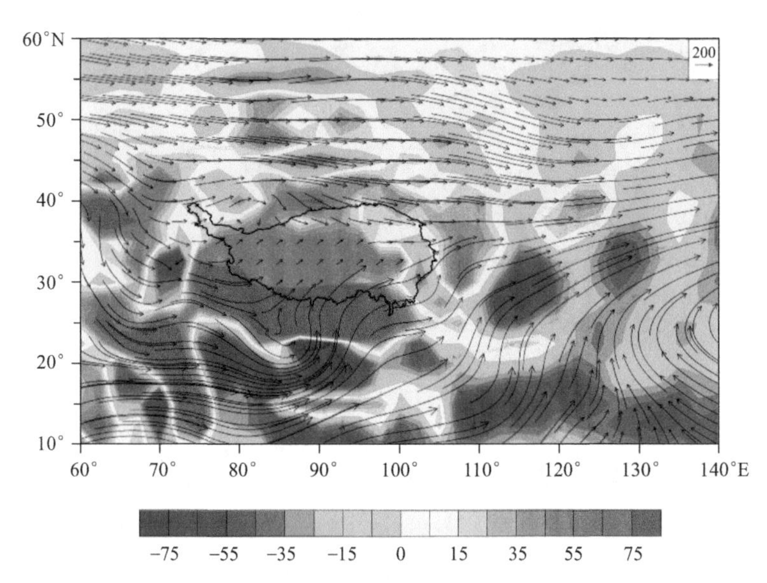

图 3.38　1981—2010 年从地面至 300 hPa 垂直积分的青藏高原雨季水汽通量（矢量，单位：kg/(m・s)）及散度（阴影，单位：10^{-5} kg/(m^2・s)）分布

图 3.39 和图 3.40 分别给出了 PC2 正、负异常年的水汽通量及其散度场。从图 3.39 可以看出，PC2 正异常年，即高原雨季降水偏强年，高原主体呈现北部弱辐合南部辐散的分布形态，来自孟加拉湾的偏东南暖湿气流在高原南部形成反气旋性环流，

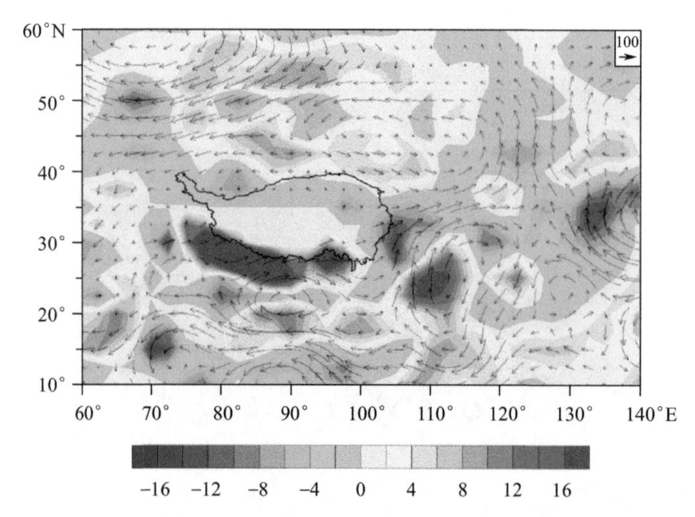

图 3.39　PC2 正异常年从地面至 300 hPa 垂直积分的青藏高原雨季水汽通量（矢量，单位：kg/(m·s)）及散度（阴影，单位：10^{-5} kg/(m^2·s)）的合成分布

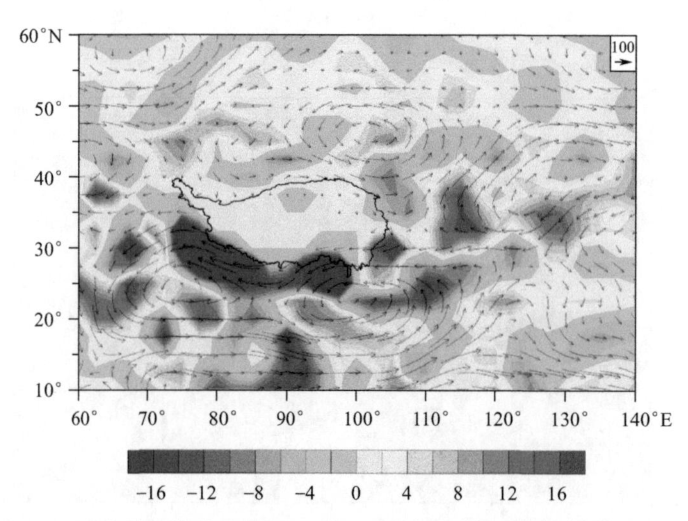

图 3.40　PC2 负异常年从地面至 300 hPa 垂直积分的青藏高原雨季水汽通量（矢量，单位：kg/(m·s)）及散度（阴影，单位：10^{-5} kg/(m^2·s)）的合成分布

在高原南缘存在水汽辐散中心，南海附近存在偏南风水汽输送，并在高原东部边缘形成水汽辐合中心。图 3.40 在高原主体呈现出与图 3.39 相反的变化特征，即受来自阿拉伯海偏南水汽流在 25°N 附近转为偏东水汽流，在高原南缘形成较强的水汽辐合中心，此时，高原北部及东部为水汽辐散，并在东部边缘形成较强的水汽辐散中心。

因此，从以上分析可以看出，降水偏少年高原主体呈现北部水汽辐散南部水汽辐合的特征，降水偏多年，高原主体北部水汽辐合南部水汽辐散，两者呈相反的变化。

雨季期间，高原主体各个边界水汽收支的年际变化反映了该区域内水汽输送强度的变化。用“箱体”模型描述高原雨季水汽收支变化特征，各边界的区域为：东边界(26°N、104°E，40°N、104°E)、西边界(26°N、74°E，40°N、74°E)、南边界(26°N、74°E，26°N、104°E)、北边界(40°N、74°E，40°N、104°E)。

图 3.41 为气候态雨季期间高原主体的水汽收支情况，南边界的水汽输入最强，西边界次之，东边界存在较弱的水汽输入，北边界为较弱的水汽输出。从图 3.42 可以看出，各边界水汽收支存在显著的年际变化，北边界以水汽输出为主且输出量较小，个别年份存在较弱的水汽输入，该现象与中高纬度地区的增湿有一定关系(林厚博等，2016)，东边界以弱水汽输入为主，西边界和南边界水汽输入量较大，为高原的主要水汽来源，其中南边界在 1992 年水汽输送量达到最大，为 27.3×10^6 kg/s，西边界在 1982 年水汽输送量为最大 25.4×10^6 kg/s，西边界与南边界的水汽输入在 20 世纪 80 年代至 90 年代中期呈反位相变化，之后呈大致相同的变化趋势。总体来看，西边界水汽输入呈增加趋势，南边界水汽输入变化波动较大。结合以上分析可知，高原雨季期间高原主体的主要水汽来源为阿拉伯海、南海，次要来源为西风带。

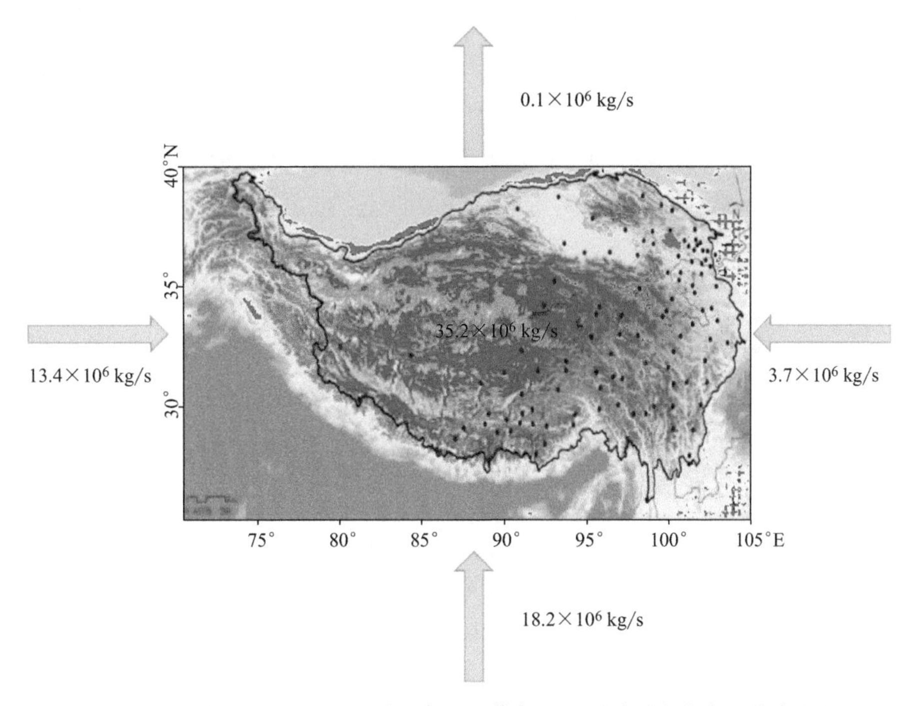

图 3.41　气候态(1981—2010 年)高原主体各边界雨季平均的水汽收支变化

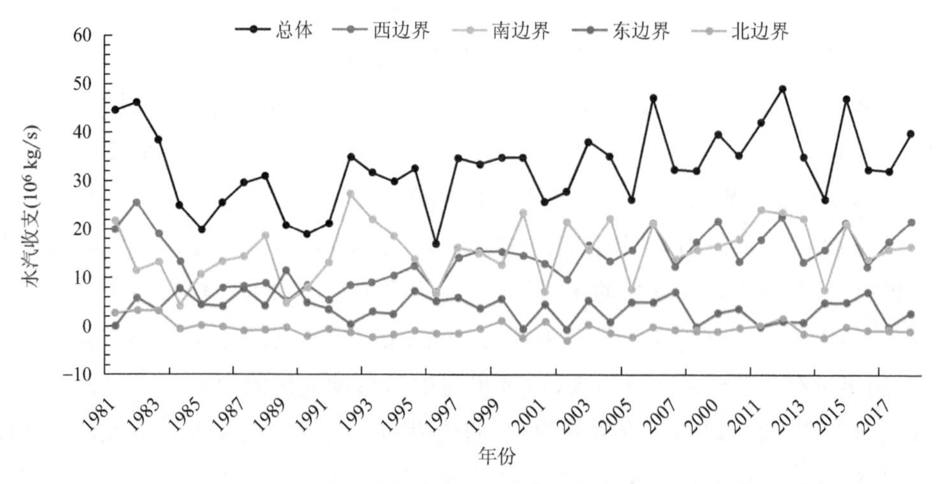

图 3.42　1981—2017 年高原主体各边界雨季平均的水汽收支年变化分布

3.4　小结

(1)高原夏季风开始和结束的时间,与高原雨季开始和结束的时间具有较好的一致性,高原季风的强弱及东亚夏季风建立早晚对高原雨季起讫时间有重要影响,与南亚高压、500 hPa 位势高度场密切相关;南亚高压与西风急流的位置、强度及范围会影响高原雨季的开始、持续时间及西南水汽的输送强度,从而影响雨季降水量、降水强度。雨季来临偏早(晚)时,西风急流轴在高原北(东)部越强,南亚高压在高原以南,较常年偏北,影响范围向东扩展至西太平洋(中南半岛)时,西南气流进入高原的时间偏早(晚)。

(2)在欧亚地区,影响高原雨季降水的大气环流关键区主要有欧洲地区、巴尔喀什湖—贝加尔湖之间的槽脊配置和乌拉尔山、鄂霍次克海地区的阻塞系统;位于高原上空及其附近的气旋和反气旋性环流系统决定着对高原地区的冷空气和水汽输送,同时高原大气的对流活动和动力抬升作用对高原雨季降水具有重要影响。此外,南亚高压中心的东西位置、代表冷空气的极涡和中低纬地区的太平洋副高、印缅槽等也对高原雨季降水异常具有一定的影响。高原雨季降水第 1 模态正位相时,即呈“北多南少”时,对应的环流特征主要表现为 500 hPa 高度场上东欧至乌拉尔山高压偏强,而巴尔喀什湖至贝加尔湖地区上空低槽偏强,西太副高偏强偏北,有利于冷空气的南下和暖湿气流北上,冷暖气流在高原北侧交汇,利于高原北部降水的形成,而高原南部大部地区为异常反气旋性环流控制。同时,高原北侧对流活动偏强,大气以上升运

动为主，利于水汽辐合；而高原南侧对流活动偏弱，以下沉运动为主，不利于高原南部降水的形成。高原雨季降水呈"北少南多"时，特征基本相反。高原雨季降水第 2 模态正位相时，即呈"一致偏多"时，对应的环流特征主要表现为 500 hPa 高度场上乌拉尔山和鄂霍次克海高压偏强，高原及其以西地区上空为相对的高度场偏低区，盛行气旋性环流，此种配置有利于冷空气南下和暖湿气流北上，冷暖气流在高原地区交汇，易形成高原异常降水。同时，整个高原上空 OLR 为显著的负异常区，对流活动偏强，且在 25°～40°N 为中心的高原地区上空大气存在明显的上升运动。高原雨季降水呈"一致偏少"时，特征基本相反。

从欧亚遥相关角度来讲，夏季沿着极锋急流传播的遥相关波列对高原雨季降水前 2 模态均有比较重要的影响：EU1 型遥相关(SCAND)主要影响高原雨季降水第 1 模态，而传统 EU 欧亚遥相关型则主要影响高原雨季降水第 2 模态。高原雨季期间欧亚 EU1 型遥相关指数与雨季降水第 1 模态时间系数呈极显著的正相关关系，也就是说，当欧亚中高纬呈欧亚 EU1 型遥相关正(负)位相特征时，高原雨季降水易呈"北多南少"("北少南多")的形态；传统欧亚遥相关指数与雨季降水第 2 模态时间系数呈显著正相关关系，当欧亚上空呈现传统欧亚遥相关正(负)位相特征时，高原降水将呈"一致偏多"("一致偏少")的形态。夏季南亚高压中心经度对高原雨季降水第 1 模态存在显著的影响，当南亚高压位置偏东时，高原雨季降水易出现第 1 模态正位相"北多南少"的特征，而当南亚高压位置偏西时，高原雨季降水易出现第 1 模态反位相"北少南多"的特征。此正相关关系存在一定的年代际变化特征。"丝绸之路"遥相关也被称为"丝绸之路"波列，是北半球夏季环球遥相关的重要组成部分。高原雨季降水第 1 模态所对应的 200 hPa 经向风场表现出了 Krishnan 和 Sugi(2001)和 Lu 等(2002)研究的"丝绸之路"遥相关特征。利用 Hong 和 Lu(2016)定义急流经向偏移指数回归 200 hPa 经向风场，发现该波列在 30°E 的部分就是 Lu 等(2002)研究的"丝绸之路"遥相关波列中心。对比分析发现高原雨季降水 EOF 第 1 模态时间系数与 200 hPa 经向风相关场的正负相关显著区与 Lu 等(2002)研究的"丝绸之路"遥相关波列中心基本一致，只是 EOF 第 1 模态相关场中心正负相关显著区位置略微偏西。同时，该急流经向偏移指数与高原雨季降水前 2 模态时间系数存在显著的负相关关系(相关系数为－0.290)。也就是说，当高原上空出现"＋－＋－(－＋－＋)""丝绸之路"遥相关波列时，高原雨季降水呈现第 2 模态正(负)位相特征，即高原雨季降水呈一致偏多型(一致偏少型)。当该波列位置偏西时，高原雨季降水呈现第 1 模态分布特征。东亚高空副热带西风急流存在显著的年代和年代际变化特征，通过分析发现，1980 年左右之后东亚西风急流呈现南移的特征。相关分析表明，东亚急流偏北，有利于高原雨季降水呈 EOF 第 1 模态正位相特征(北多南少),而急流偏南,有利于高原雨季降水呈 EOF 第 1 模态反位相特征(北少南多),这种关系在 20 世纪 90 年代中期之后有所加强。

(3)气候态条件下,雨季高原及其邻近地区上空的水汽输送路径为来自阿拉伯海的偏西风水汽输送在孟加拉湾附近分为三支水汽输送气流:一支向北输送,一支在南海附近转为偏南风水汽输送,一支受高原大地形的阻挡作用转为偏西风水汽输送。高原雨季降水偏多年,高原主体呈现北部弱辐合南部辐散的分布形态。来自孟加拉湾的偏东南暖湿气流在高原南部形成反气旋性环流,在高原南缘存在水汽辐散中心,南海附近存在偏南风水汽输送,并在高原东部边缘形成水汽辐合中心。雨季降水偏少年,受来自阿拉伯海偏南水汽流在 25°N 附近转为偏东水汽流,在高原南缘形成较强的水汽辐合中心,与雨季开始偏早的水汽输送特征相似。各边界水汽收支存在显著的年际变化,北边界以水汽输出为主且输出量较小,东边界以弱水汽输入为主,西边界和南边界水汽输入量较大且在 20 世纪 80 年代至 90 年代中期呈反位相变化,之后呈大致相同的变化趋势。总体来看,西边界水汽输入呈增加趋势,南边界水汽输入变化波动较大。由以上讨论可得,高原雨季期间高原主体的主要水汽来源为阿拉伯海及南海,其次来自里海经由西风带的输送。

第 4 章　高原东北部主雨季降水异常成因

对于地形复杂的青藏高原地区，不同区域、不同时期降水空间型对应的环流和水汽条件特征有明显差异，因此有必要选取典型区域进行更细致的分析。高原东北部同时受西风带槽脊系统及青藏高原热力、动力作用影响，近年来该地区分别以生态立省和发展农牧业经济为主体目标，当地防灾减灾工作对气象服务的需求愈来愈迫切。夏季(6—8 月)是雨季降水最集中、强度最大的时段，降水稳定性差、极端性较强，降水异常所引起的大范围干旱和局地洪涝，给当地生态环境和农业生产布局等方面带来诸多影响。尤其近些年以来，高原东北部降水持续异常偏多，境内黄河上游水库曾一度出现超限水位运行，给当地防汛减灾工作带来很大挑战。因而有必要针对该区域主雨季时段(即夏季)做深入探究，理清高原东北部降水异常特征及其成因对提高该地的气候预测准确率具有十分重要的意义。本章以青海和甘肃代表高原东北部，选取其分布均匀的 55 个站点进行夏季降水异常特征及环流型方面的探讨(图 4.1)。

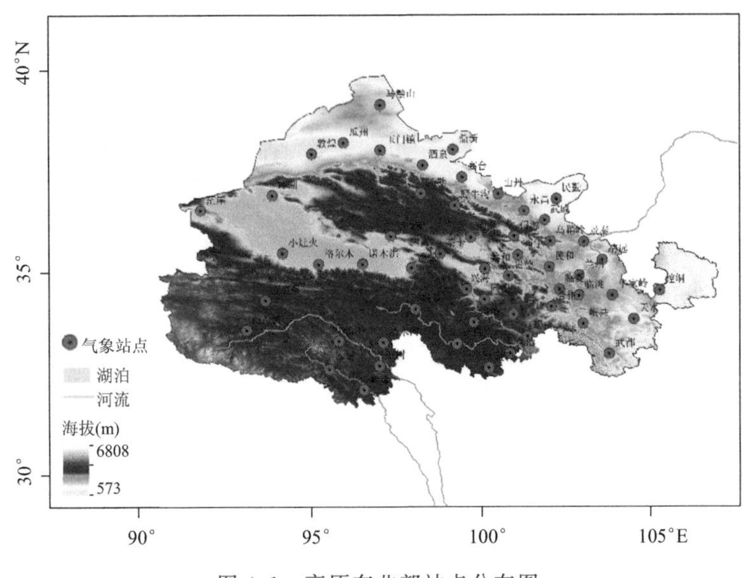

图 4.1　高原东北部站点分布图

4.1 高原东北部主雨季降水空间型

对高原东北部55个站点1961—2015年夏季降水距平场进行EOF展开，得到其主要空间模态及各模态对应的时间系数，前6个模态的累积解释方差为61.8%，经North检验(North et al.,1982)，前6模态间均相互独立。本节选用能够体现高原东北部夏季降水典型空间分布型的前3模态进行分析(表4.1)，对前三个模态时间系数进行标准化处理，并据不同的时间系数标准化值定义各模态正、负异常年。

表4.1 高原东北部夏季降水场EOF展开的前6个模态方差贡献率(%)

序号	特征值	方差贡献	累积方差贡献
1	11.0	19.9	19.9
2	7.6	13.9	33.8
3	5.5	9.9	43.7
4	4.8	8.7	52.4
5	3.1	5.6	58.0
6	2.1	3.8	61.8

图4.2是EOF展开后的前3模态对应空间型及其时间系数，从第1模态空间分布型(图4.2a)来看，总体表现出全体一致的特点，高荷载区域主要位于青海东部—甘肃东南部，其时间系数标准化值(PC1)呈现明显的年际变化(图4.2b)，小波分析结果显示PC1具有准2～4 a的显著周期性(图4.3a)。本节取PC1标准化系数大于(小于)正(负)1.5的年份为典型正(负)异常年(表4.2)，分别表示高原东北部降水一致偏多(少)型。正异常代表年有5 a(1967、1976、1979、2007、2012年)，负异常代表年有5 a(1965、1982、2001、2002、2015年)。

第2模态的解释方差为13.9%，表现出东西反相型分布格局(图4.2c)，正荷载区集中在青海低海拔地区及甘肃东部，负荷载区则位于青海高海拔地区及甘肃中西部，当PC2为正(负)异常时，甘肃东部降水偏多(少)，青海大部及甘肃中西部降水偏少(多)(图4.2d)。对PC2的小波周期分析(图4.3b)显示其具有年际变化和年代际变化特征，其中在20世纪60—90年代中期具有显著的8 a左右周期，在20世纪80—90年代、21世纪存在准2～3 a显著性周期。同样取PC2大于(小于)正(负)1.5的年份为典型正(负)异常年(表4.2)，分别表示西北地区东部降水一致偏多(少)而西部一致偏少(多)型。正异常代表年有4 a(1973、1978、1990、1994年)，负异常代表年有5 a(1975、1989、2005、2009、2010年)。

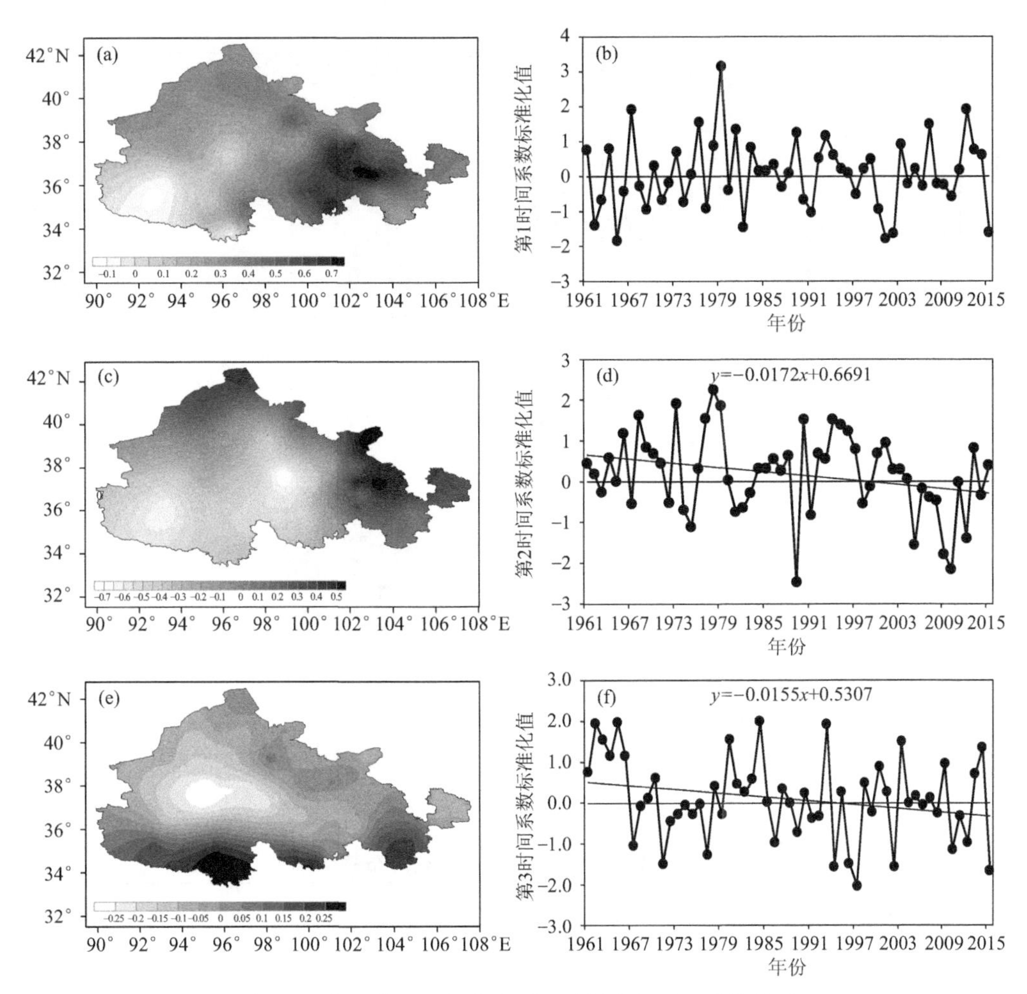

图 4.2　前 3 模态空间分布型及其标准化时间系数序列

(a)EOF1;(b)PC1;(c)EOF2;(d)PC2;(e)EOF3;(f)PC3

第 3 模态的解释方差为 9.9%，空间分布型自北向南呈“三明治”型特征，高荷载值集中在青海南部地区(图 4.2e)，因而时间系数 PC3 主要代表青海南部牧业区(简称青南牧区)夏季降水变化特征，PC3 总体呈线性减弱趋势(图 4.2f)，表明近 55 a 来青南牧区夏季降水呈减少趋势，而柴达木盆地降水则呈增加趋势，赵传成等(2011)分析表明，柴达木盆地自 20 世纪 80 年代以来呈暖湿化趋势，与上述分析相吻合。小波分析结果(图 4.3c)显示其在 20 世纪 80 年代至 21 世纪初具有 2～4 a 的显著性周期特征。取 PC3 大于(小于)正(负)1.5 的年份为典型正(负)异常年(表 4.2)，分别表示西北地区南部降水一致偏多(少)而北部一致偏少(多)型。正异常代表年有 6 a(1962、1965、1984、1993、2003、2014 年)，负异常代表年有 4 a(1967、1986、1997、2002 年)。

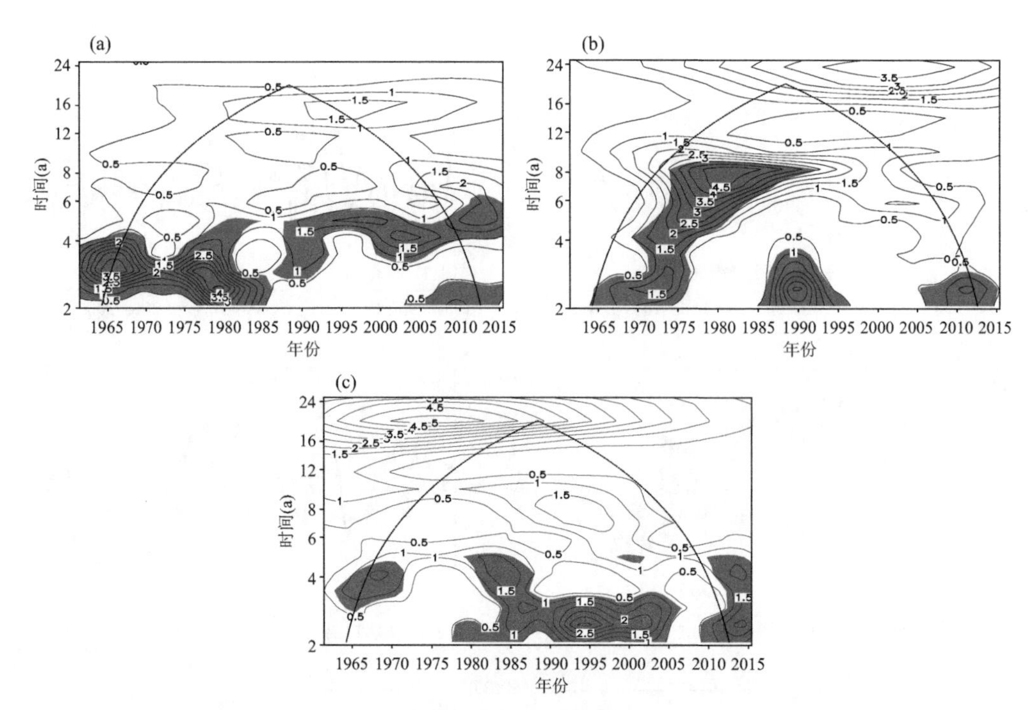

图 4.3 前三个 EOF 模态对应时间系数的 MORLET 小波功率谱

（阴影区表示达到 95%及以上置信水平）

(a)EOF1;(b)EOF2;(c)EOF3

表 4.2 前 3 模态降水型对应典型正/负异常年份

序号	典型年份	
	正异常年	负异常年
1	1967、1976、1979、2007、2012	1965、1982、2001、2002、2015
2	1973、1978、1990、1994	1975、1989、2005、2009、2010
3	1962、1965、1984、1993、2003、2014	1967、1986、1997、2002

4.2 高原东北部主雨季降水异常的环流及水汽特征

首先将模态对应的时间系数标准化值(PC)对同期高度场和风场进行回归，反映当 PC 变化 1 倍标准差时对应位势高度及风场的异常变化。由于研究地区平均海拔高度 2317 m，因此这里主要分析对流层高层和中层的环流特征，分别以 200 hPa 和 500 hPa 高度层的变量作为代表。

第 1 模态标准化时间系数 PC1 对同期 200 hPa 位势高度距平场的回归结果

(图 4.4a)表明,当 PC1 为正异常时,即全区夏季降水一致偏多时,200 hPa 高度场上,欧亚地区自高纬到中纬度呈现西北-东南向的“+－+”波列分布,其中乌拉尔山和我国中东部地区上空为显著正异常,贝加尔湖附近为显著负异常。PC1 回归的 200 hPa 纬向风场(图 4.4b)显示,副热带西风急流在西北及其以东地区上空有所加强,其中以东地区上空为显著增强特征,急流中心位置相对气候态平均(图略)有明显东移,西北地区上空急流偏强说明大气的斜压性在此处增强,有利于天气尺度斜压扰动发展而形成降水(陆日宇和富元海,2009)。PC1 对同期 500 hPa 高度距平场的回归结果(图 4.4c)显示出与 200 hPa 高度场相似的波列分布特征,不同之处在于乌拉尔山地区的正异常区域显著增强并扩展,而我国中东部显著正异常区则向南缩小,同时贝加尔湖及附近的负异常区显著性减弱,结合回归到 200 hPa 高度场的特征,表现出斜压性的特征。500 hPa 环流特征显示乌拉尔山地区高压偏强易形成阻塞,而贝加尔湖低槽偏强,中纬度环流以经向为主,有利于冷空气南下;同时西太平洋副热带高压偏

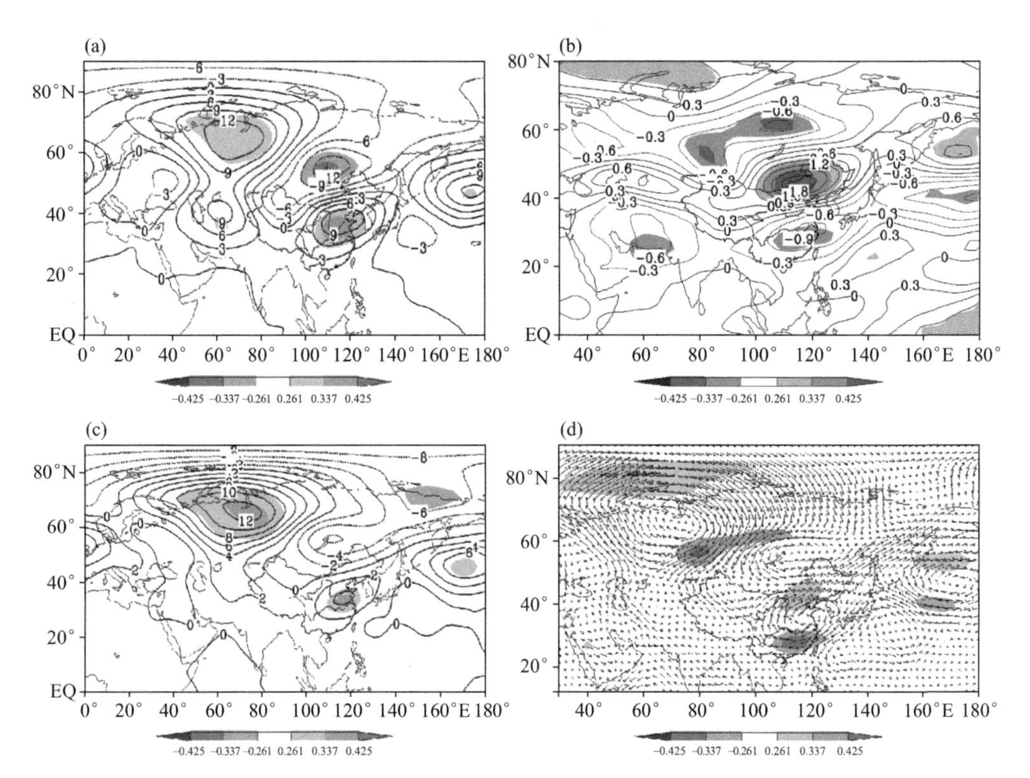

图 4.4　PC1 回归的 200 hPa 和 500 hPa 位势高度距平及其纬向、矢量风场

((a)和(c)分别对应 200 hPa、500 hPa 位势高度场(单位:gpm);(b)和(d)分别对应 200 hPa 纬向风和 500 hPa 矢量风场(单位:m/s);阴影区表示达到 95%及以上置信水平)

西偏北，利于引导南方水汽北上。从 PC1 回归的 500 hPa 矢量风场（图 4.4d）也验证了冷暖空气的活动特征，乌拉尔山地区为异常反气旋性环流，易引导偏北气流南下影响高原东北部，而我国中东部地区上空为异常反气旋性环流，其西侧的偏南风异常易将西北太平洋的暖湿气流输送至高原东北部的内陆地区，冷暖空气交汇的共同作用有利于产生降水，导致该区域降水易于偏多。而 PC1 为负异常时，对应全区降水一致偏少，环流和风场特征与上述情况相反。

为了进一步认识全区一致型夏季降水偏多（少）时的环流差异及水汽条件，计算了 PC1 正负异常年夏季 500 hPa 高度场和整层水汽通量的差值（正异常年减负异常年，下同）分布和检验（图 4.5），从高度场差值（图 4.5a）可以看到，欧亚中高纬呈两脊一槽的环流分布特征，乌拉尔山附近为显著正高度距平，巴尔喀什湖—贝加尔湖地区为负位势高度距平，我国东部及鄂霍次克海以东地区位势高度为正距平，两个显著的中心异常特征是贝加尔湖阻塞和副高偏强偏北，与回归图（图 4.4d）的信息一致。夏季水汽通量差值场（图 4.5b）上反映出影响中国高原东北部夏季降水的三个主要水汽源区：一个源自 50°～70°E 的阿拉伯海，经由印度半岛—孟加拉湾向我国北方输送，一个来自热带太平洋地区，另一个来自南海地区。来自南海与热带太平洋的水汽在西北太平洋地区汇合后转向西北从我国东南沿海地区一直向西北地区输送，同时，来自孟加拉湾的水汽通过西南地区沿青藏高原东部北上输送到高原东北部，从而给该区域带来比较丰沛的水汽。差值图的显著性差异主要体现在水汽源地和输送通道上，显示了水汽通量多寡的特征。

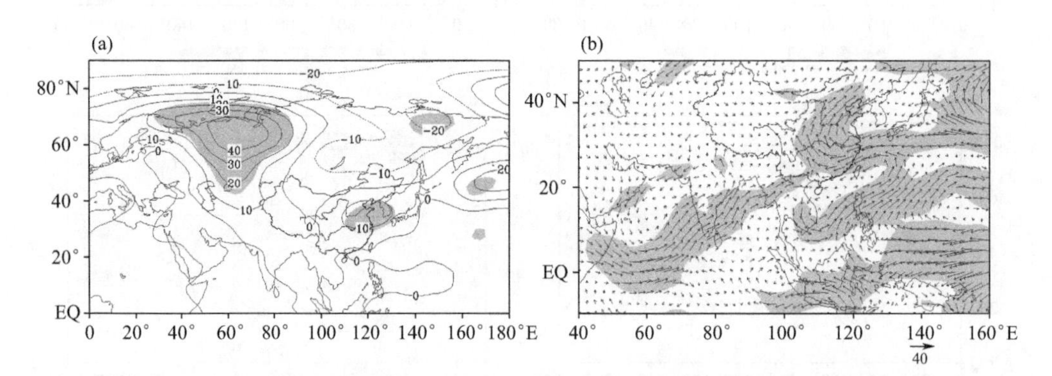

图 4.5　PC1 正负异常年夏季 500 hPa 高度（单位：gpm）(a) 和整层水汽通量（单位：0.0001 kg/(m·s)）(b) 差值场及其检验图（阴影区表示达到 95%及以上置信水平）

为进一步证实图 4.5b 中水汽通量差值检验的特征，计算了 PC1 回归的水汽通量及散度图（图 4.6），显示当 PC1 为正异常时，高原东北部具有较大范围的水汽辐合，在水汽源地阿拉伯海及我国南海至西北太平洋地区都有明显辐合中心，与正负异

常年差值检验结果相吻合(图 4.5b),同时也与何金海等(2005)研究发现西北地区的水汽主要来自孟加拉湾及西太平洋的偏南输送气流的结论一致。

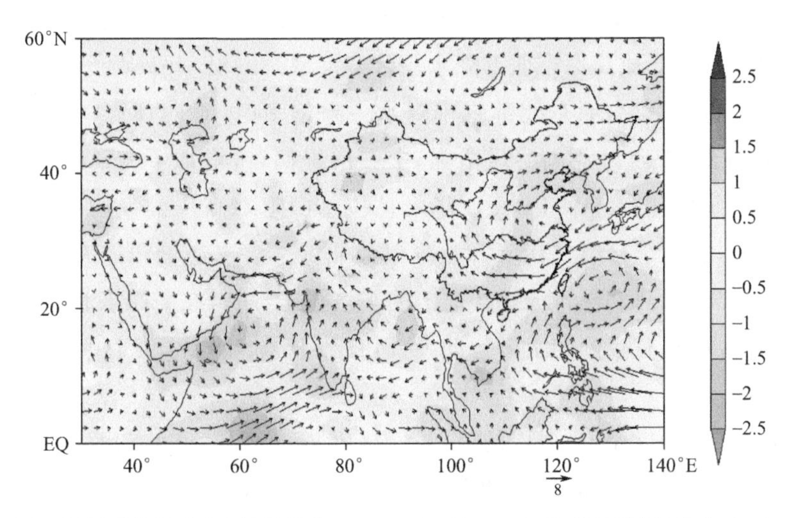

图 4.6　PC1 回归的整层水汽通量(单位:0.0001 kg/(m·s))及其散度场(单位:kg/(m^2·s))
(整层积分从地面到 300 hPa,阴影区为散度场)

冷暖空气交汇必然伴随着垂直运动,在此计算了 PC1 正负异常年夏季高原东北部所在的经度带(90°～106°E)内平均的垂直环流差值场及检验(图 4.7)。结果显示,在 25°～35°N 为中心的西北地区具有明显上升运动,并通过 95%以上的置信水平检

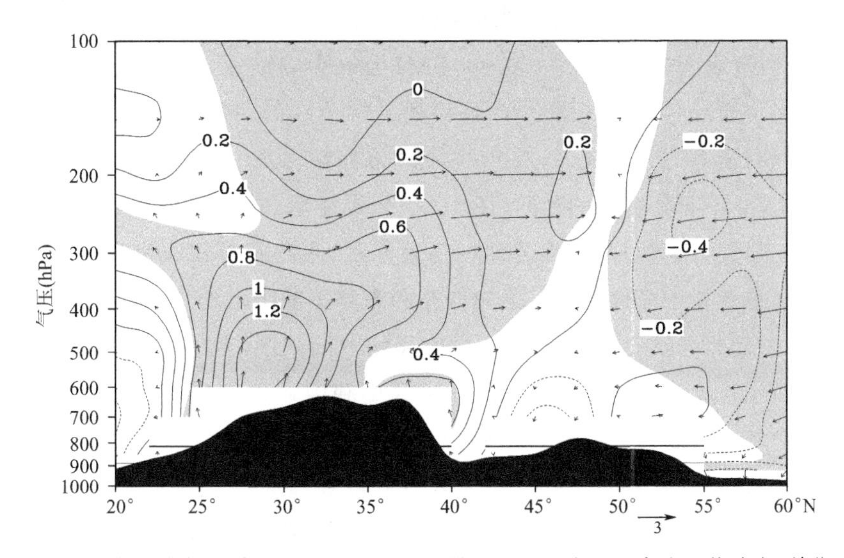

图 4.7　PC1 正负异常年夏季沿 90°～106°E 经度带平均的垂直环流合成差值分布(单位:m/s)
(阴影区表示达到 90%以上置信水平)

验。上升高度主要集中在600～300 hPa，以500 hPa附近的上升运动最强烈，上升区域在27°～30°N最强烈，而在40°N以北地区以弱下沉运动为主。高原南侧动力抬升强、高原北侧下沉运动明显，体现出高原动力作用的影响。高原动力作用叠加有效的水汽条件更有利于造成高原东北部降水一致偏多型的出现。

由上述分析可见，高原东北部夏季降水一致偏多时，对应环流特征主要表现为200 hPa高空副热带西风急流明显增强，中心位置偏东，增加了大气的斜压性，有利于天气尺度系统扰动。500 hPa高度场上乌拉尔山阻塞高压偏强，西太平洋副热带高压偏强偏北，有利于冷空气南下和暖湿气流北上。水汽通量和散度特征显示水汽来源于孟加拉湾、南海和热带太平洋北上的水汽输送，同时在高原东北部有明显的水汽辐合，该地区南部有强烈的上升运动，从而有利于形成降水。全区夏季降水一致偏少时，特征相反。

第2模态(东西反相型)对应的时间系数(PC2)为正异常时，为西少东多型分布，即"青海大部少而甘肃东部多"。计算PC2对200 hPa环流场的回归结果(图4.8a)显示，欧亚地区对流层上层从中纬度到副热带地区呈纬向波列状分布，东欧地区为显著负异常，伊朗高原地区呈显著正异常，河西走廊上空为显著负异常，日本海附近为正异常，鄂霍次克海附近为显著负异常。进一步利用PC2对200 hPa经向风场进行回归(图4.8b)发现，其分布同沿副热带西风急流纬向路径传播的"丝绸之路"遥相关型(SRP)相似，从东欧到日本列岛为北风、南风、北风、南风的波列分布，其中一个波列中心在高原东北部上空，呈现北风异常特征，该中心东侧即渤海到日本地区为南风异常。已有研究表明(廖清海等，2004)，SRP能够影响欧亚大陆夏季降水及地表温度，这种影响是通过与SRP相联系的环流场异常造成的，特别是对我国北方夏季气候有重要影响(杨莲梅和张庆云，2008；兰明才和张耀存，2011)。

PC2对500 hPa高度场的回归(图4.8c)结果显示，欧亚中高纬呈现"北正南负"的分布，极地附近为正异常，中纬度地区为负异常，东欧及鄂霍次克海地区为显著负异常中心，这是有利于极地冷空气通过西路和东路扩散南下的特征，同时西太平洋副热带高压偏东偏北。结合PC2对500 hPa风场的回归图(图4.8d)及正负异常年差值检验图(图4.10a)来看，东欧地区的异常气旋和中亚地区的异常反气旋环流均显著增强，异常气旋南侧和反气旋北侧的偏西风距平共同作用使得我国高原东北部上空偏西北气流显著增强；而从华北、东北到日本群岛地区为反气旋式环流异常，其南侧的偏东风直接引导西北太平洋的水汽向西输送，与强劲的西北风距平在高原东北部的偏东地区汇合。

从PC2回归的水汽通量及其散度场(图4.9)可见，高原东北部的偏东地区有明

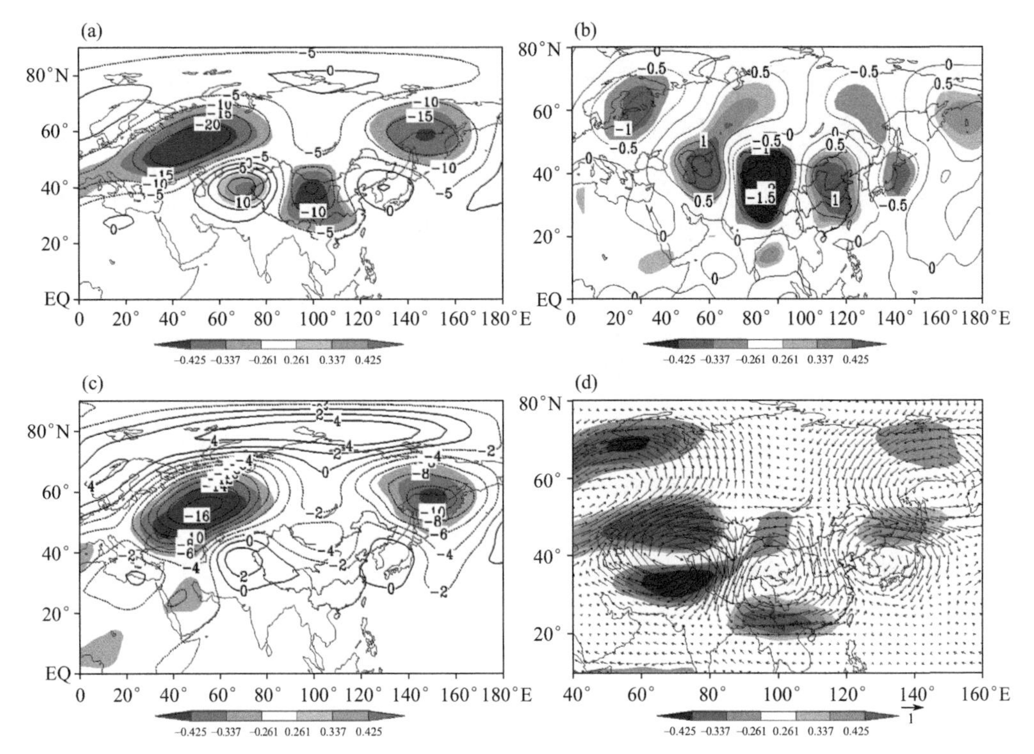

图 4.8　PC2 回归的 200 hPa 和 500 hPa 位势高度距平及其经向、矢量风场

((a)和(c)分别对应 200 hPa、500 hPa 位势高度场(单位:gpm),(b)和(d)分别对应 200 hPa 经向风和 500 hPa 矢量风场(单位:m/s);阴影区表示达到 95%及以上置信水平)

显的水汽辐合,尤其在甘肃中东部地区辐合显著。从水汽源地和水汽输送路径可以看到与全区一致型模态明显不同的特征。来自孟加拉湾地区的水汽在青藏高原南侧形成较强的辐合中心,并没有像第 1 模态的特征沿高原东侧向西北地区输送。另一条水汽输送通道主要来自西北太平洋,而不是南海和热带太平洋地区,因此和第 1 模态的全区一致型降水偏多对应的环流和水汽条件相比,东多西少型上空的西北风更强盛而水汽来源较弱,水汽路径不同,主要能影响到高原东北部的偏东地区。上述特征在 PC2 正负异常年水汽通量差值检验图中也得以清晰体现,显著差异区分别位于青藏高原南部及西北太平洋地区。

综上分析,高原东北部东西反相型降水模态主要受对流层上中层的"丝绸之路"遥相关型环流的影响,东欧上空偏强的气旋性环流及中亚增强的反气旋性环流异常决定了较强的冷空气条件,而西北太平洋地区反气旋性环流南侧的偏东风决定了水汽条件,并在甘肃东部地区形成较明显的水汽辐合,从而有利于甘肃河东地区夏季降水偏多而青海大部偏少。第 2 模态和第 1 模态的水汽条件相比明显减弱。

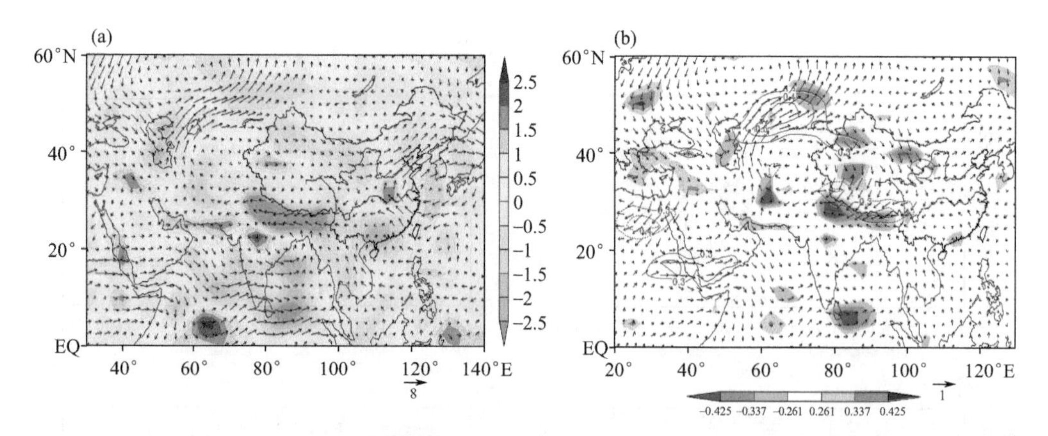

图 4.9 PC2 回归的整层水汽通量(单位:0.0001 kg/(m·s)及其散度(单位:kg/(m^2·s))(a)和 PC2 与水汽通量场(b)的相关分布

(整层积分从地面到 300 hPa,图 a 阴影区为散度场,图 b 阴影区为 PC2 与纬向水汽通量相关达到 95%及以上置信水平区域,图 b 红线区域为 PC2 与经向水汽通量相关达到 95%及以上置信水平区域)

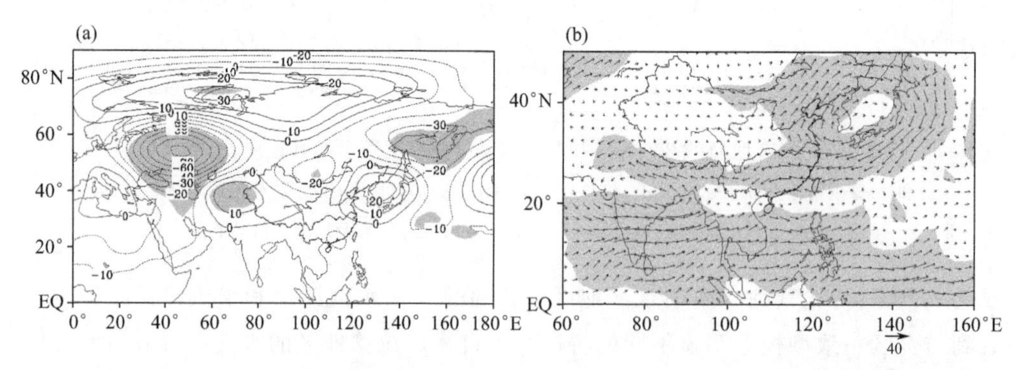

图 4.10 PC2 正负异常年夏季 500 hPa 高度(单位:gpm)(a)和水汽通量场(单位:0.0001 kg/(m·s))(b)合成差值检验图(阴影区表示达到 95%及以上置信水平检验)

第 3 模态主要代表青南牧区夏季降水变化特征,当 PC3 正异常时,青南牧区夏季降水偏多,青海柴达木盆地北部和甘肃西部地区降水偏少。用 PC3 回归的 200 hPa 和 500 hPa 高度场(图 4.11a、c)显示,在欧亚中高纬地区为"北正南负"分布,极地附近为正异常,中纬度地区为负异常,与第 2 模态不同的是第 3 模态在中纬度地区异常中心有差异,欧洲大部、贝加尔湖以南地区为负异常中心。贝加尔湖及其以南地区显著负异常特征有利于低槽的加强发展,其底部包括了高原东北部地区。PC3 回归的高层 200 hPa 纬向风场(图 4.11b)显示出西北地区上空西风异常显著,在中层 500 hPa 上偏西北气流异常也很显著(图 4.11d)。

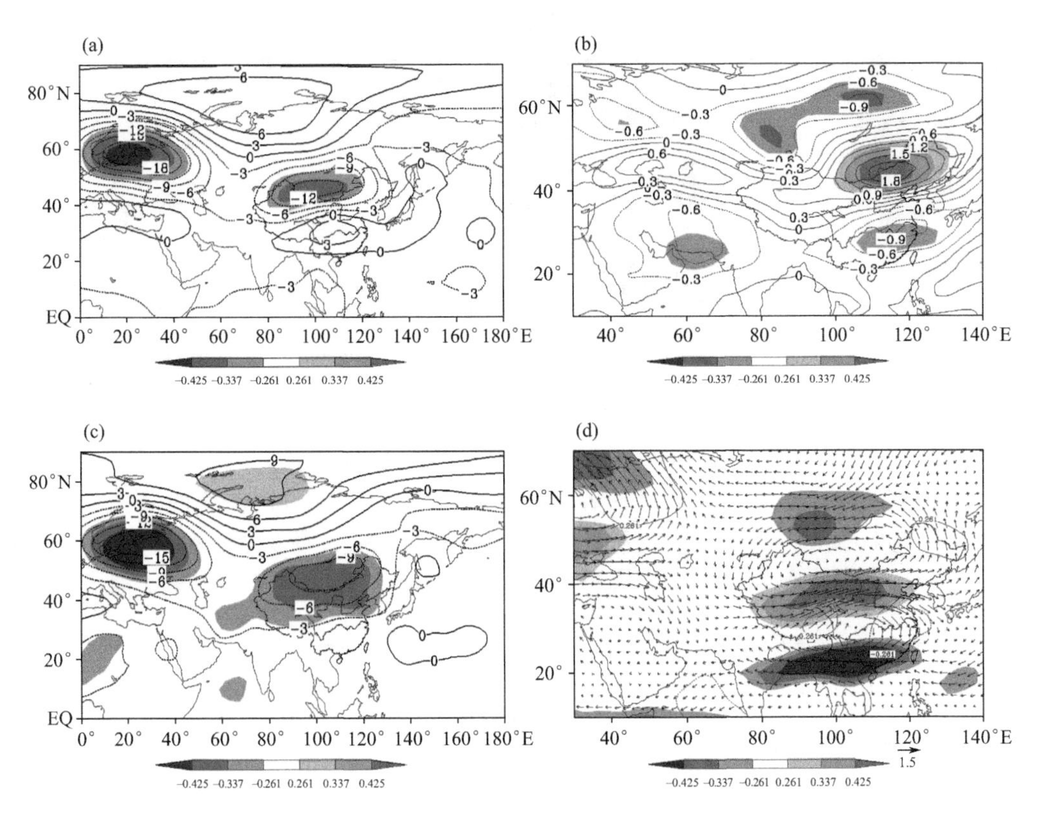

图 4.11　PC3 回归的 200 hPa 和 500 hPa 位势高度距平及其纬向、矢量风场

((a)和(c)分别对应 200 hPa、500 hPa 位势高度距平场(单位:gpm),(b)和(d)分别对应 200 hPa 纬向风和 500 hPa 矢量风场(单位:m/s);阴影区表示达到 95%及以上置信水平;图 b 阴影和红线区域分别为 PC3 与纬向风及经向风显著的区域)

从 PC3 回归的水汽通量场及散度场上(图 4.12a)可以看出,在高原东北部的偏南地区有明显的水汽辐合,水汽输送路径显示水汽主要来源于孟加拉湾地区,然后沿高原东侧向西北地区输送,而南海及热带太平洋地区的水汽主要输送到我国东部地区,对高原东北部没有明显的贡献,从 PC3 正负异常年水汽通量差值图中也反映出这一现象(图 4.13b)。PC3 与水汽通量的相关图(图 4.12b)表明,高原及其东侧向北的经向通量是青海南部水汽的主要来源,该气流与贝加尔湖强低槽底部的西风异常汇合,造成青海南部降水偏多,由于水汽条件相对偏弱而西风异常偏强,所以青海北部的降水依然偏少。

综上分析,青南牧区型降水模态主要受贝加尔湖低槽造成的冷空气以及来自孟加拉湾的绕流高原东侧的水汽条件共同影响。

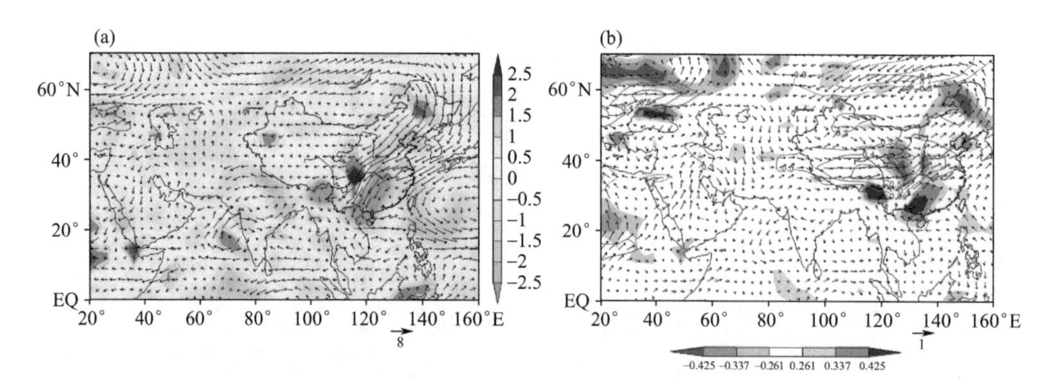

图 4.12　PC3 回归的水汽通量(单位:kg/(m·s))及其散度(单位:kg/(m²·s))(a)和 PC3 与水汽通量场的相关分布(b)

(垂直积分从地面到 300 hPa,图 a 阴影区为散度场,图 b 阴影区为 PC3 与纬向水汽通量相关达到 95%及以上置信水平,图 b 红线区域为 PC3 与经向水汽通量达到 95%及以上置信水平)

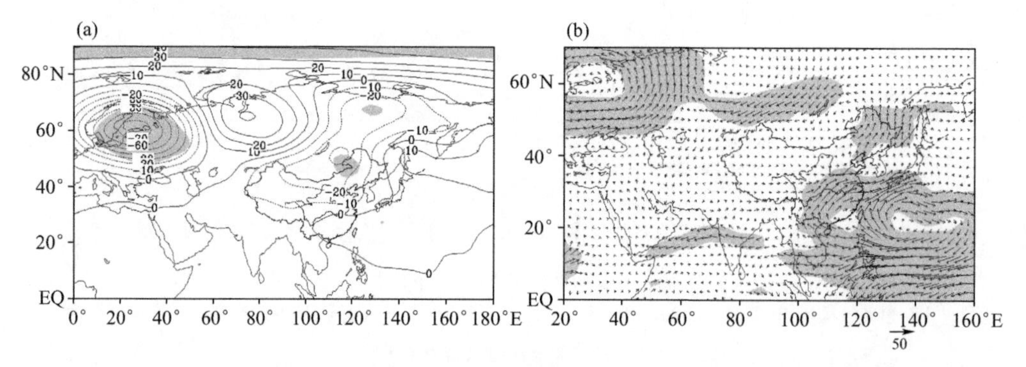

图 4.13　PC3 正负异常年夏季 500 hPa 高度(单位:gpm)(a)和水汽通量场(单位:0.0001 kg/(m·s))(b)合成差值检验图(阴影区表示达到 95%及以上置信水平)

4.3 小结

综合以上分析表明,高原东北部夏季降水异常前 3 模态分别为全区一致型、东西反相型及南北反相型。全区一致型时间系数呈现明显的年际变化,具有准 2~4 a 的显著周期性。东西反相型时间系数显示具有年际变化和年代际变化特征,其中在 20 世纪 60—90 年代中期具有显著的 8 a 左右周期,在 20 世纪 80—90 年代、21 世纪存在准 2~3 a 显著性周期。南北反相型时间系数在 20 世纪 80 年代至 21 世纪初具有 2~4 a 的显著性周期。就全区一致型模态而言,在高原东北部夏季降水一致偏多时,对应环流特征主要表现为副热带西风急流明显增强，中心位置偏东；乌拉尔山阻塞高压偏强，西太平洋副热带高压偏强偏北；水汽主要来源于孟加拉湾、南海和热带太平洋北上的水汽输送，同时在高原东北部有明显的水汽辐合。全区夏季降水一致偏少时，特征相反。对于东西反相型模态，反映青海高海拔地区与低海拔地区及甘肃东部反相的特征，降水东多西少时，对应环流为“丝绸之路”遥相关型，东欧上空偏强的气旋性环流及中亚增强的反气旋性环流异常决定了较强的冷空气条件，而西北太平洋地区反气旋性环流南侧的偏东风决定了水汽条件，并在甘肃东部地区形成较明显的水汽辐合，从而有利于甘肃河东地区夏季降水偏多而青海大部偏少。第 2 模态和第 1 模态的水汽条件相比明显减弱。青南牧区降水偏多时，环流特征为欧亚中高纬呈南北反相型分布，贝加尔湖南侧低槽加强提供了西风异常的冷空气条件，及主要源自孟加拉湾的绕流高原东侧的水汽条件共同影响。由上述分析可以看到，高原东北部 3 种主要模态的冷空气条件不同，水汽来源也不一样。

第5章　海温对高原雨季降水的影响

青藏高原降水异常与前期或同期海洋热力状况具有联系。众所周知，海洋可以储存大量的水汽及能量，对我国乃至整个北半球环流及降水产生极为重要的影响(Huang 和 Wu，1989；Hu 和 Duan，2015)。季风系统在海温和高原降水间发挥着桥梁作用(陈烈庭，1988；Cherchi et al.，2007；Wu B et al.，2009)。作为热带太平洋最显著的年际变化信号的 ENSO 事件，赤道东太平洋异常偏暖(冷)抑制(增强)西太平洋上空的对流，进而影响东亚季风(Huang 和 Wu，1989；Huang 和 Sun，1992；Zhang et al.，1996)。李耀辉等(2000)研究表明，赤道中东太平洋海温异常与西北秋季区域性降水异常相关性较好，厄尔尼诺(El Niño)年，青藏高原东北侧降水明显偏少。李欣等(2016)进一步研究发现，东部型和混合型 El Niño 事件次年春季，青藏高原南侧以偏南风为主，青藏高原东南侧相对湿度较高。而中部型 El Niño 事件次年春季，高原南侧以偏西风为主。另外，春、夏季北大西洋海温三极子激发出来的跨越欧亚大陆的准正压纬向遥相关波列，通过改变高原的感热通量影响东亚夏季风强弱(Zuo et al.，2013；Cui et al.，2015)。刘焕才和段克勤(2012)研究发现高原东北部和东南部降水反向偶极型分布与北大西洋涛动(NAO)具有紧密联系，强 NAO 年时，高原切变线位置明显偏北，高原北部水汽输送通量强度增强，而高原南部水汽输送通量强度减弱。对于高原而言，印度洋既是印度季风的发源地和流经地，也是其水汽来源之一，并通过季风影响着高原降水异常(周顺武和假拉，2003；刘青春等，2005；张平等，2008；袁媛和李崇银，2009；袁俊鹏等，2013；Chen 和 You，2017；任倩等，2017)。刘青春等(2005)表明青藏高原汛期降水与印度洋偶极子相关显著。张平等(2008)认为高原东侧降水和同期印度洋海温显著相关且海温偏高(低)年，北(西)风偏强，不(有)利于降水的形成。袁俊鹏等(2013)从暖池热含量角度出发，提出在印度洋暖池热含量偏高年，副高西伸，有利于副高西侧的经向水汽输送带为低纬高原带去大量水汽。Chen 和 You(2017)进一步研究了印度洋海盆模、海陆热力差异引起的大气环流异常及南亚夏季风影响高原降水的机制。

以上研究说明，青藏高原降水异常与海洋是密不可分的，可通过海-气相互作用对高原降水产生影响。但有关高原雨季降水与前期或同期海温异常之间联系的研究

较少，前期及同期海洋与高原雨季降水之间的联系以及产生这种联系的可能途径还有待进一步研究。同时，前人较多地关注单独海洋对高原降水的影响，并未考虑多海洋强迫可能的协同影响。因此，本章节重点讨论前期冬季到同期雨季不同海洋海温异常对高原雨季降水的影响途径和机理。

5.1　雨季降水主模态与海温异常的联系

热带太平洋和印度洋在冬春季是个强大的强迫源，被认为是影响东亚季风环流的重要因子(金蕊等，2016)。那么上述青藏高原雨季降水两个主模态的异常是否与前期或同期海洋的强迫作用有关呢？

分别将 PC1、PC2 与前期冬季、春季以及同期雨季的海温进行相关分析(图 5.1 和图 5.2)，由 PC1 与同期雨季海表温度的相关系数分布(图 5.1e)可以发现，在东南

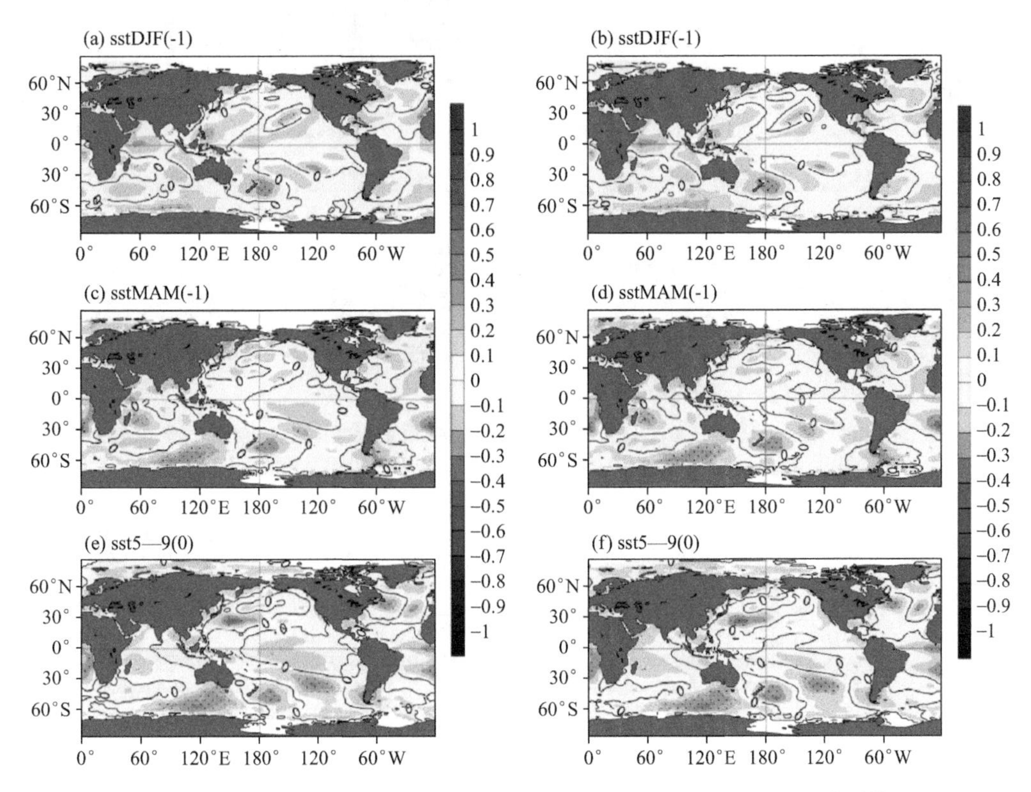

图 5.1　青藏高原雨季降水异常 EOF 分解的 PC1 与海表温度的相关系数

(a)、(c)、(e)及去除 Niño3.4 的偏相关(b)、(d)、(f)

(注：(a)和(b)为前期冬季；(c)和(d)为前期春季；(e)和(f)为同期雨季；图中阴影为相关分析，等值线为回归分析，黑色打点区域表示通过 90% 显著检验；DJF：12 月—次年 2 月，MAM：3—5 月，−1 表示前期，0 表示同期)

印度洋-南太平洋存在纬向三极型的相关分布特征，即东南印度洋和东南太平洋存在显著正相关区，与西南太平洋呈显著负相关，PC1 与前期冬季、春季海表温度的相关分布(图 5.1a、c)与同期相关结果类似，只是位于东南印度洋-南太平洋纬向三极型相关在同期更强。研究表明，前冬赤道太平洋 ENSO 海温异常可能通过大气通道和海洋通道影响春夏季印度洋海温分布(周天军等，2001，2004)，为了提取印度洋海温自身变化对高原雨季降水的影响，图 5.1b、d、f 给出了去除 Niño3.4 指数影响后的 PC1 分别与前期和同期海温的偏相关分布，对比未去除 ENSO 信号的图 5.1a、c、e，可以清晰地发现，去除 ENSO 信号后，东南印度洋-南太平洋纬向三极型海温相关仍然显著存在，说明该海温相关分布是独立于 ENSO 事件的，由冬季到雨季具有较好的持续性，且在雨季达到最强，雨季降水的第 1 模态主要与东南印度洋-南太平洋纬向三极型海温相联系。

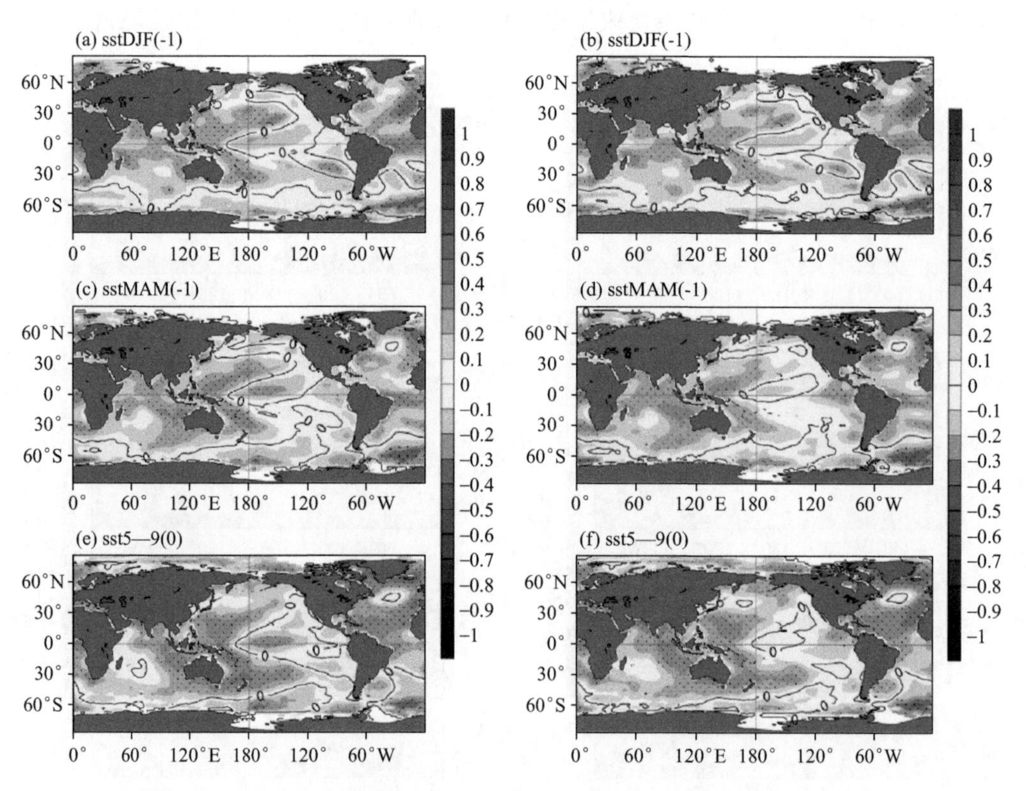

图 5.2　青藏高原雨季降水异常 EOF 分解的 PC2 与海表温度的相关系数

(a)、(c)、(e)及去除 Niño3.4 的偏相关(b)、(d)、(f)

(注：(a)和(b)为前期冬季；(c)和(d)为前期春季；(e)和(f)为同期雨季；图中阴影为相关分析，等值线为回归分析，黑色打点区域表示通过 90%显著检验，DJF：12 月—次年 2 月，MAM：3—5 月，−1 表示前期，0 表示同期)

同样的,PC2 与前期冬季海表温度场的相关(图 5.2a)在太平洋上大范围显著相关区呈现类似拉尼娜(La Niña)的典型分布形态,说明高原雨季降水第 2 模态可能与 ENSO 有关,在热带印度洋和北大西洋出现一个显著的正相关区。当到了前期春季(图 5.2c)和同期雨季(图 5.2e),赤道中东太平洋 La Niña 形态的相关分布仍然稳定维持,可见其关系具有很好的持续性。北大西洋上呈现海温三极子负位相形态,即热带北大西洋和副极地大洋海温偏高,美国东部海域海温偏低。热带印度洋则由海盆一致模态逐渐转为纬向偶极型模态。图 5.2b、d、f 给出了去除 Niño3.4 指数影响后的偏相关场,对比图 5.2a、c、e 发现,赤道中东太平洋显著负相关消失,北大西洋三极型海温相关仍然存在,热带印度洋则维持海盆一致模态。与高原雨季降水第 2 模态密切相联系的海洋信号包括前期春季及同期雨季的 ENSO 事件、北大西洋上海温三极子以及热带印度洋海盆一致型模态。

5.2　ENSO 的影响

通过分析青藏高原雨季降水的前两个主模态以及各自同前期或同期海表温度的联系,发现同期海温异常对高原雨季降水主模态影响最显著,并且对比图 5.1、图 5.2 可以看出,海表温度场与 PC2 的相关要明显强于与 PC1 的相关,说明海温强迫对高原雨季降水第 2 主模态的影响更加显著。因此,本节主要分析同期海表温度对高原雨季降水全区一致型的可能影响途径。

前文发现,青藏高原雨季降水第 2 模态对应的时间序列与太平洋海温相关场与 La Niña 型分布相似:在赤道中太平洋为冷海温异常,在暖池、西北太平洋及南太平洋大部为暖海温异常(图 5.2f)。结合异常环流空间分布,分析海温异常的作用。根据 PC2 回归的相关环流空间分布可以看出,赤道中太平洋异常冷海温使得赤道太平洋中部地区低层辐散高层辐合,并伴随下沉运动和负降水异常(图 5.3a、图 5.4)。这样的环流异常会调整沃克环流,进而使得在海洋性大陆地区呈低层辐合高层辐散的环流异常,并伴随上升运动和正降水异常(图 5.4)。而这个正降水异常又会通过暖性罗斯贝波响应在其北部激发出气旋性异常,这与 Tao 等(2016)提出的影响机制相吻合:赤道中东太平洋冷海温影响西北太平洋区域附近的环流异常并通过大尺度环流调整使其在海洋性大陆和西北太平洋区域附近激发正降水异常,正降水异常会进一步在西北太平洋地区激发低层气旋性环流异常。另外,通过计算发现 NiñoA 区(25°～35°N,130°～150°E)海表温度距平指数和 PC2 相关系数为 0.25,通过 90%以上显著性水平,表明西北太平洋地区海温异常可通过激发的环流异常对青藏高原雨

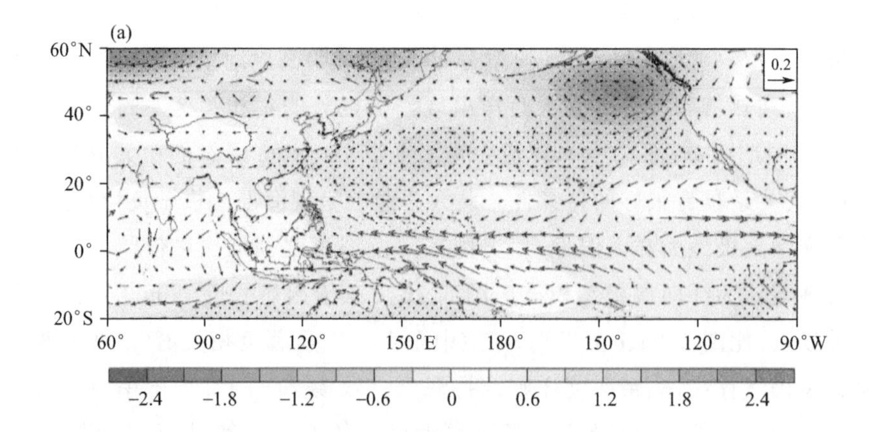

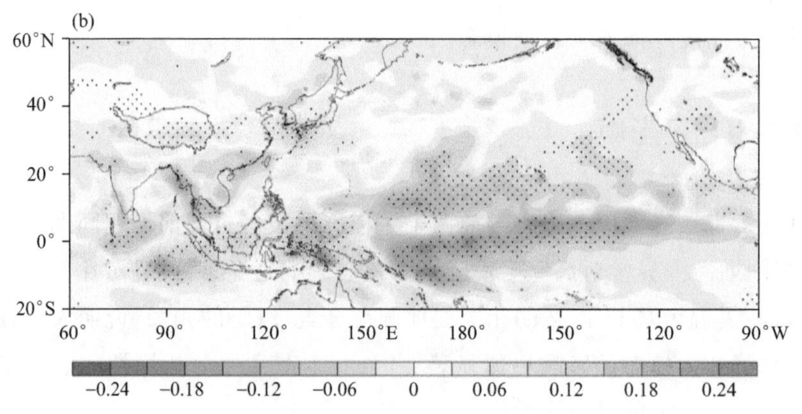

图 5.3 青藏高原雨季降水异常 EOF 分解的 PC2 回归

(a)500 hPa 位势高度场(阴影)和 700 hPa 水平风场(矢量)；

(b)降水空间分布(黑色打点区域表示通过 90%显著检验)

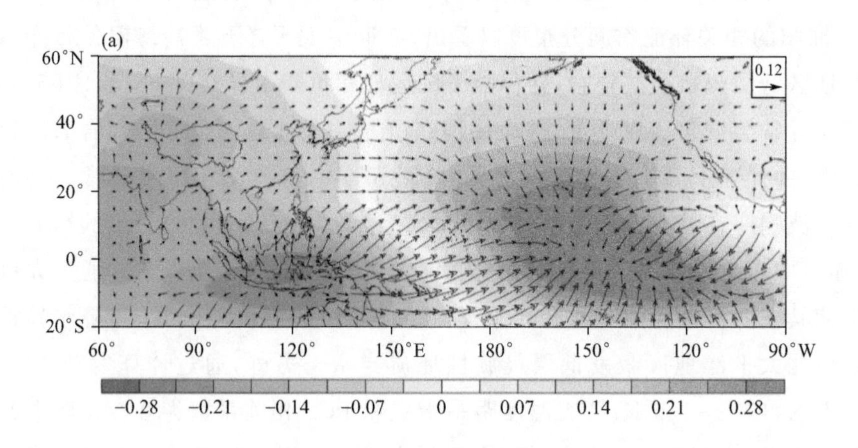

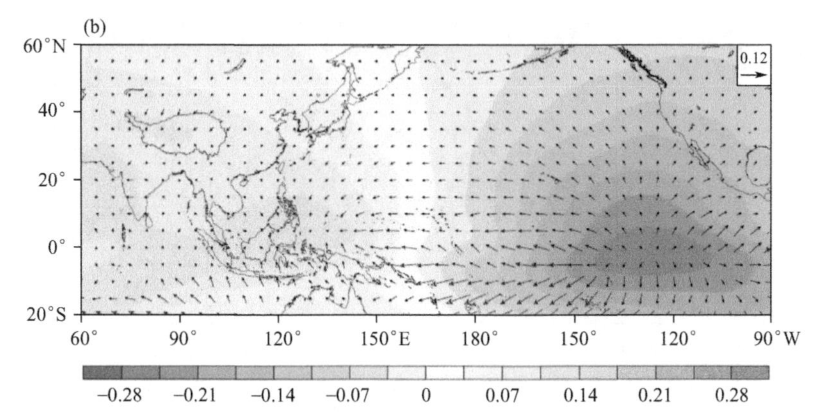

图 5.4 青藏高原雨季降水异常 EOF 分解的 PC2 回归 200 hPa(a)、700 hPa(b)速度势(阴影)和散度风(矢量)空间分布

季降水产生影响。

5.3 北大西洋三极型海温的影响

图 5.5a 为青藏高原雨季降水第 2 模态对应的时间序列回归 200 hPa 位势高度和水平风场分布，通过分析与 PC2 有关的大气环流异常发现，格陵兰岛南部和地中海附近为位势高度正异常，欧洲沿岸则为位势高度负异常；欧亚大陆上空存在四个显著的异常中心，东欧平原和青藏高原南部上空为位势高度正异常，贝加尔湖北部和巴尔喀什湖附近上空为位势高度负异常。青藏高原北侧这种配置有利于引导北侧冷空气沿乌拉尔山高压的东侧南下侵入高原，加之巴尔喀什湖附近槽偏强，利于西风带水汽输送，导致高原降水偏多。通过对比高低空配置，发现异常中心表现为相当正压结构(图 5.3a)。这种从北大西洋上空到欧亚大陆的位势异常分布意味着波列能从上游向下游传播。

结合图 5.2f，PC2 与大西洋海温相关场主要表现为北大西洋三极型的分布，用北大西洋三极子(NAT)负指数回归的 200 hPa 环流场异常配置与 PC2 回归的模态较为相似(图 5.5b)。计算北大西洋三极子负指数和 PC2 的相关系数达到 0.34，通过 95%显著性水平，进一步说明北大西洋三极型可以影响欧亚环流异常，进而影响青藏高原降水异常。这与前人的研究成果相吻合(Wu Z et al.，2009；Zuo et al.，2013；Cui et al.，2015；梅一清等，2019)。

根据前人研究和定义，北大西洋三极型海温异常对春、夏季北半球大气环流具有十分重要的影响(Wu Z et al.，2009；Zuo et al.，2013；Cui et al.，2015)，Wu Z 等

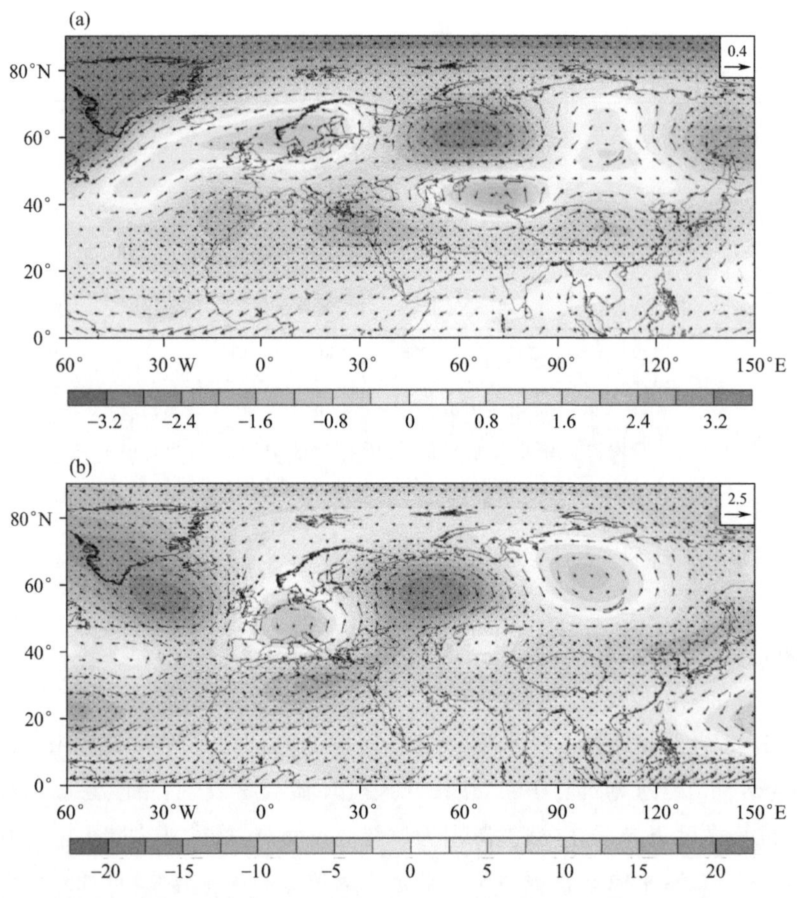

图 5.5 青藏高原雨季降水异常 EOF 分解的 PC2(a)、北大西洋三极子负指数(b)回归 200 hPa 位势高度场(阴影)和水平风场(矢量)(黑色打点区域表示通过 90%显著检验)

(2009)指出，春季北大西洋海温异常三极子能持续到夏季，夏季海温三极子异常激发的波列沿副热带西风急流向极一侧的纬向分布，并认为北大西洋海温三极子是联系春季北大西洋涛动(NAO)和东亚夏季风(EASM)的重要桥梁。Zuo 等(2013)通过观测分析和数值试验发现，夏季北大西洋海温三极子可以激发出一支跨越欧亚大陆的准正压纬向遥相关波列，进而引起东亚夏季风的强弱。Cui 等(2015)的研究指出，春季海温三极子激发出来的波列能够影响春季青藏高原上空副热带西风急流的强度，并通过改变高原的感热通量进而影响东亚夏季风。

5.4 印度洋海温的影响

已有研究表明，来自阿拉伯海-孟加拉湾、印度洋-孟加拉湾以及南海-孟加拉湾的

暖湿气流是青藏高原及其邻域雨季最主要的水汽来源(徐祥德和陈联寿,2006;王霄等,2009),暖湿气流受青藏高原大地形和印度热低压的共同作用,在高原南缘关键区存在水汽输送经向或纬向分量的"转换"过程(解承莹等,2015),并且主要从 85°~95°E 地区进入高原(江吉喜和范梅珠,2002),进而影响青藏高原降水分布(施小英等,2006;施小英和施晓晖,2008;徐祥德等,2002)。而印度洋海温增暖可以通过激发开尔文(Kelvin)波,引起异常西太平洋反气旋,从而影响低层水汽输送(Wu B et al.,2009,2010)。

图 5.2f 中显示 PC2 与印度洋海温相关场主要表现为热带印度洋全区一致海温模态(IOBW),定义热带印度洋全区一致海温模态为热带印度洋区域(20°S~20°N,40°~110°E)平均的海温距平。对热带印度洋全区一致海温模态指数进行标准化处理,选取其大于 1(或小于-1)的 4 个正印度洋海盆模年(1983、1987、1997、2015 年)和 7 个负印度洋海盆模年(1964、1970、1971、1975、1978、1984、1985 年)进行水汽输送通量和散度合成分析。

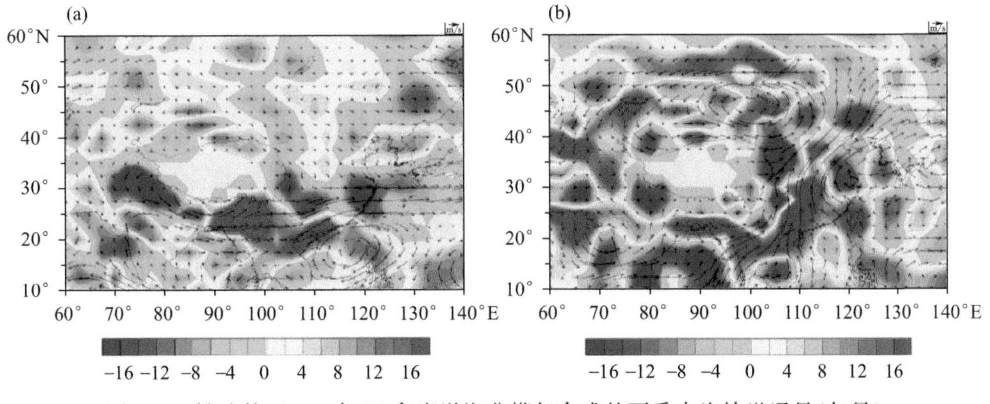

图 5.6　挑选的正(a)、负(b)印度洋海盆模年合成的雨季水汽输送通量(矢量)(单位:kg/(m·s))和散度(阴影)(单位:kg/(m^2·s))空间分布

结果显示,正印度洋海盆模年间(图 5.6a),阿拉伯海-孟加拉湾的水汽在喜马拉雅山脉西南部存在显著辐合区,在高原南缘关键区为显著辐散区,在四川盆地则为显著辐合。而负印度洋海盆模年间(图 5.6b),来自孟加拉湾和阿拉伯海的水汽在孟加拉湾汇合,沿孟加拉湾北侧—中南半岛—云贵高原南侧—长江中下游流域辐散。水汽辐散区域明显较正印度洋海盆模年间偏南,不利于水汽向高原输送。通过比较正、负印度洋海盆模年间雨季青藏高原各边界水汽收支发现(表 5.1),正印度洋海盆模年间西边界和南边界水汽输入比负印度洋海盆模年间大一个量级。

表 5.1 挑选的正、负印度洋海盆模年合成的雨季青藏高原各边界水汽收支(单位:kg/s)

	总收支	西边界	南边界	东边界	北边界
正 IOBW	4.09×10^{7}	1.76×10^{7}	1.86×10^{7}	5.39×10^{6}	-6.59×10^{5}
负 IOBW	2.23×10^{7}	10.78×10^{6}	7.49×10^{6}	6.14×10^{6}	-1.22×10^{5}

5.5 小结

本章节通过分析青藏高原雨季降水对不同海区海温强迫的响应特征，得到高原雨季降水与前期、同期海温异常之间的联系及可能影响途径，并讨论了 ENSO、北大西洋海温三极型以及热带印度洋海温全区一致型与青藏高原雨季降水全区一致型的影响，得到如下结论：

青藏高原雨季降水变化存在两个主模态，第 1 模态为青藏高原经向偶极型分布，第 2 模态为全区一致型分布。第 1 模态降水分布特征与东南印度洋-南太平洋纬向三极型海温有关，而第 2 模态密切相联系的海洋信号包括前期春季及同期雨季的 ENSO 事件、北大西洋上海温三极子以及热带印度洋海盆一致型模态，并且海温强迫对第 2 模态的影响更显著。

影响雨季降水主模态的海温在赤道太平洋地区呈类似 La Niña 海温分布型，通过在西北太平洋区域附近激发正降水异常及低层气旋性环流异常，进而影响高原雨季降水。北大西洋地区呈三极型海温异常，则会激发向下游传播的异常波列，该波列在欧亚大陆上空的异常环流与传统欧亚遥相关波列类似且表现为相当正压结构，其中乌拉尔山的异常反气旋和巴尔喀什湖的附近的异常气旋有利于引导北侧冷空气南下以及西风带水汽的输送，导致高原降水一致偏多。正印度洋海盆模年间，来自阿拉伯海—孟加拉湾的水汽在高原南缘关键区显著辐散，使得青藏高原西边界和南边界水汽输入量明显大于负印度洋海盆模年间，表明印度洋海温增暖有利于低层水汽输送。

参考文献

白虎志,谢金南,李栋梁.2001.近40年青藏高原季风变化的主要特征[J].高原气象,20(1):22-27.

曹瑜,游庆龙,马茜蓉,等,2017.青藏高原夏季极端降水概率分布特征[J].高原气象,36(5):1176-1187.

常国刚,李凤霞,李林,2005.气候变化对青海生态与环境的影响及对策[J].气候变化研究进展,1(4):172-175.

陈姣,张耀存,2016.气候变化背景下陆地极端降水和温度变化区域差异[J].高原气象,35(4):955-968.

陈烈庭,1988.热带印度洋—太平洋海温纬向异常及其对亚洲夏季风的影响[J].大气科学,12(s1):142-148.

陈少勇,林纾,王劲松,等,2011.中国西部雨季特征及高原季风对其影响的研究[J].中国沙漠,31(3):765-773.

戴加洗,1990.青藏高原气候学[M].北京:气象出版社.

丁一汇,柳俊杰,孙颖,等,2007.东亚梅雨系统的天气—气候学研究[J].大气科学,31(6):1082-1101.

丁一汇,张莉,2008.青藏高原与中国其他地区气候突变时间的比较[J].大气科学,32(4):794-805.

杜军,路亚红,建军,2014.1961—2012年西藏极端降水事件的变化[J].自然资源学报,29(6):990-1002.

杜军,马玉才,2004.西藏高原降水变化趋势的气候分析[J].地理学报,59(3):375-382.

段克勤,姚檀栋,王宁练,等,2008.青藏高原南北降水变化差异研究[J].冰川冻土,30(5):726-732.

樊红芳,2008.青藏高原现代气候特征及大地形气候效应[D].兰州:兰州大学.

樊杰,2015.中国主体功能区划方案[J].地理学报,70(002):186-201.

冯松,汤懋苍,王冬梅,1998.青藏高原是我国气候变化启动区的新证据[J].科学通报,43(6):633-635.

韩熠哲,马伟强,王炳赟,等,2017.青藏高原近30年降水变化特征分析[J].高原气象,36(6):1477-1486.

何金海,刘芸芸,常越,2005.西北地区夏季降水异常及其水汽输送和环流特征分析[J].干旱气象,23(1):10-16.

华丽娟,马柱国,2009.亚洲和北美干湿变化及其与海表温度异常的关系[J].地球物理学报,52(5):60-72.

黄福均,崔岫敏,单扶民,1980.青藏高原雨季中断及活跃[J].气象,6(10):1-4.

黄琰,张人禾,龚志强,等,2014.中国雨季的一种客观定量划分[J].气象学报,72(6):1186-1204.

黄一民,2007.青藏高原降水时空分布特征分析[D].长沙:湖南师范大学.

胡豪然,梁玲,2013.近50年青藏高原东部降水的时空变化特征[J].高原山地气象研究,33(4):1-7.

建军,杨志刚,卓嘎,2012.近30年西藏汛期强降水事件的时空变化特征[J].高原气象,31(2):380-386.

江吉喜,范梅珠,2002.青藏高原夏季TBB场与水汽分布关系的初步研究[J].高原气象,21(1):20-24.

冀钦,杨建平,陈虹举,2018.1961-2015年青藏高原降水量变化综合分析[J].冰川冻土,40(6):30-39.

金蕊,祁莉,何金海,2016.春季青藏高原感热通量对不同海区海温强迫的响应及其对我国东部降水的影响[J].海洋学报,38(5):83-95.

兰明才,张耀存,2011.东亚副热带急流与东北夏季降水异常的关系[J].气象科学,31(3):258-265.

李超,韩桂荣,刘梅,等,2015.东亚高空急流异常与江淮入梅的关系[J].气象科学,35(2):176-182.

李崇银,王作台,林士哲,等,2004.东亚夏季风活动与东亚高空西风急流位置北跳关系的研究[J].大气科学,28(5):641-658.

黎清才,邹树峰,张少林,2003.山东省雨季开始标准的研究[J].山东气象,23(1):17-19.

李生辰,徐亮,郭英香,等,2007.近34年青藏高原年降水变化及其分区[J].中国沙漠,27(2):307-314.

李欣,王素艳,郑广芬,等,2016.不同分布型El Niño事件次年宁夏春季降水的差异[J].干旱气象,34(2):290-296.

李晓英,姚正毅,肖建华,等,2016.1961—2010年青藏高原降水时空变化特征分析[J].冰川冻土,38(5):1233-1240.

李耀辉,李栋梁,赵庆云,等,2000.ENSO对中国西北地区秋季异常降水的影响[J].气候与环境研究,5(2):109-117.

李亚琴,2011.青藏高原年降水的变化特征研究[J].高原山地气象研究,31(3):39-42.

梁萍,丁一汇,何金海,等,2010.江淮区域梅雨的划分指标研究[J].大气科学,34(2): 418-428.

廖清海,高守亭,王会军,等,2004.北半球夏季副热带西风急流变异及其对东亚夏季风气候异常的影响[J].地球物理学报,47(1):10-18.

林厚博,游庆龙,焦洋,等,2015.基于高分辨率格点观测数据的青藏高原降水时空变化特征[J].自然资源学报,30(2):271-281.

林厚博,游庆龙,焦洋,等,2016.青藏高原及其附近水汽输送对其夏季降水影响的分析[J].高原气象,35(2):309-317.

刘伯奇.2013.南亚高压的生成和形态变异对亚洲夏季风爆发的影响[D].南京:南京信息工程大学.

刘焕才,段克勤,2012.北大西洋涛动对青藏高原夏季降水的影响[J].冰川冻土,34(2):311-318.

刘青春,秦宁生,李栋梁,等,2005.印度洋海温的偶极振荡与高原汛期降水和温度的关系[J].高原气象,24(3):350-356.

刘毓赟,陈文,2012.北半球冬季欧亚遥相关型的变化特征及其对我国气候的影响[J].大气科学,36(2):423-432.

陆龙骅,卞林根,张正秋,2011.极地和青藏高原地区的气候变化及其影响[J].极地研究,23(2):82-89.

路红亚,杜军,袁雷,等,2014.1971—2012年珠穆朗玛峰地区极端降水事件变化研究[J].冰川冻土,36(3):563-572.

陆日宇,富元海,2009.夏季东亚和西北太平洋地区的气候变异及其机理[J].地球科学进展,24(2):123-131.

陆日宇,林中达,张耀存,2013.夏季东亚高空急流的变化及其对东亚季风的影响[J].大气科学,37(2):331-340.

罗四维,钱正安,王谦谦.1982.夏季100毫巴青藏高压与我国东部旱涝关系的天气气候研究[J].高原气象,(02):3-12.

毛江玉,吴国雄,刘险蜗,2002.季节转换期间副热带高压带形态变异及其机制的研究:亚洲季风区季节转换指数[J].气象学报,60(4):409-420.

梅一清,陈海山,刘鹏,等,2019.夏季亚洲高空急流纬向非对称变异与北大西洋海温和欧亚陆面热力异常的可能联系[J].大气科学,43(2):401-416.

缪启龙,张磊,丁斌,2007.青藏高原近40年的降水变化及水汽输送分析[J].气象与减灾研究,141(1):14-18.

牛亚菲,1999.青藏高原生态环境问题研究[J].地理科学进展,18(2):163-171.

强学民,杨修群,2008.华南前汛期开始和结束日期的划分[J].地球物理学报,51(5):1333-1345.

强学民,杨修群,孙成艺,2008.华南前汛期降水开始和结束日期确定方法综述[J].气象,34(3):10-15.

钱永甫,江静,张艳,等,2004.亚洲热带夏季风的首发地区和机理研究[J].气象学报,62(2):129-139.

任倩,周长艳,何金海,等,2017.前期印度洋海温异常对夏季高原"湿池"水汽含量的影响及其可能原因[J].大气科学,41(3):648-651.

施小英,施晓晖,2008.夏季青藏高原东南部水汽收支气候特征及其影响[J].应用气象学报,19(1):41-46.

施小英,徐祥德,苗秋菊,等,2006.东亚季风的动力结构与关键区整层水汽收支总体效应相关结构特征[C]//中国气象学会2006年年会"灾害性天气系统的活动及其预报技术"分会论文集.

孙鸿烈,郑度,姚檀栋,等,2012.青藏高原国家生态安全屏障保护与建设[J].地理学报,67(1):3-12.

汤懋苍,梁娟,邵明镜,等.1984.高原季风年际变化的初步分析[J].高原气象,V3(3):76-82.

王霄,巩远发,岑思弦,2009.夏半年青藏高原"湿地"的水汽分布及水汽输送特征[J].地理学报,64(5):601-608.

王遵娅,丁一汇,2008.中国雨季的气候学特征[J].大气科学,32(1):1-13.

魏凤英,2009.现代气候统计诊断与预测技术[M].北京:气象出版社.

魏维,2012.南亚高压位置的经向和纬向变化与印度季风以及中国夏季降水的关系[D].北京:中国气象科学研究院.

魏维,2015.南亚高压位置的年际变异特征及其与亚洲夏季风的联系[D].北京:中国气象科学研究院.

吴国雄,段安民,张雪芹,等,2014.青藏高原极端天气气候变化及其环境效应[J].自然杂志,35(3):167-171.

吴国雄,毛江玉,段安民,等,2004.青藏高原影响亚洲夏季气候研究的最新进展[J].气象学报,62(5):528-540.

肖潺,宇如聪,原韦华,等,2015.中国大陆雨季时空差异特征分析[J].气象学报,73(1):84-92.

肖潺,宇如聪,原韦华,等,2013.横断山脉中西部降水的季节演变特征[J].气象学报,71(4):643-651.

解承莹,李敏姣,张雪芹,等,2015.青藏高原南缘关键区夏季水汽输送特征及其与高原降水的关系[J].高原气象,34(2):327-337.

徐国昌,李梅芳,1982.青藏高原的雨季[J].甘肃气象,(1):7-11.

徐祥德,陈联寿,2006.青藏高原大气科学试验研究进展[J].应用气象学报,17(6):756-772.

徐祥德,陶诗言,王继志,等,2002.青藏高原-季风水汽输送"大三角扇型"影响域特征与中国区域旱涝异常的关系[J].气象学报,60(3):257-266.

晏红明,李清泉,孙丞虎,等,2013.中国西南区域雨季开始和结束日期划分标准的研究[J].大气科学,37(5):1111-1128.

杨莲梅,张庆云,2008.北大西洋涛动对新疆夏季降水异常的影响[J].大气科学,32(5):1187-1196.

杨辉,宋正山,朱抱真,1998.1979年5月东南亚夏季风的建立和青藏高原的作用[J].大气科学,22(6):858-866.

杨玮,何金海,王盘兴,等,2011.近42年来青藏高原年内降水时空不均匀性特征分析[J].地理学报,66(3):376-384.

杨勇,杜军,罗骕翾,等,2013.近40年西藏怒江流域极端降水事件的时空变化[J].干旱区研究,30(2):315-321.

姚莉,吴庆梅,2002.青藏高原气候变化特征[J].气象科技,30(3):163-164.

袁俊鹏,李然,王海,等,2013.印度洋暖池热含量变化对低纬高原汛期降水的影响[J].云南大学学报(自然科学版),35(3):345-358.

袁媛,李崇银,2009.热带印度洋海温异常不同模态对南海夏季风爆发的可能影响[J].大气科学,33(2):325-336.

翟盘茂,刘静,2012.气候变暖背景下的极端天气气候事件与防灾减灾[J].中国工程科学,14(9):55-63.

谌芸,2004.青藏高原东北部地区大到暴雨天气过程的研究[D].南京:南京气象学院.

章凝丹,姚辉,1984.青藏高原雨季起讫的研究[J].高原气象,3(1):50-59.

张家诚,1995.中国自然资源丛书(气象卷)[M].北京:中国环境科学出版社.

张磊,缪启龙,2007.青藏高原近40年来的降水变化特征[J].干旱区地理,30(2):240-246.

张平,陈碧辉,毛晓亮,2008.青藏高原东侧降水与印度洋海温的遥相关特征[J].高原山地气象研究,28(2):13-101.

张强,1977.最优分割法[J].气象,3(9):26-29.

张小莹,2014.我国极端降水时空特征及风险分析[D].上海:上海师范大学.

张宇,2012.南亚高压变化特征及其与相关影响因子关系研究[D].兰州:兰州大学.

赵传成,王雁,丁永建,等,2011.西北地区近50年气温和降水的时空变化[J].高原气象,30(2):385-390.

赵金鹏,2019.1961—2016年青藏高原极端气候事件变化特征研究[D].兰州:兰州大学.

赵雪雁,王亚茹,张钦,等,2015.近50a青藏高原东部夏半年强降水事件的气候特征[J].干旱区地理,38(4):33-41.

赵昕奕,张惠远,万军,2002.青藏高原气候变化对气候带的影响[J].地理科学,22(2):190-195.

郑彬,梁建茵,林爱兰,等,2006.华南前汛期的锋面降水和夏季风降水 Ⅰ.划分日期的确定[J].大气科学,30(6):1207-1216.

郑然,李栋梁,蒋元春,等,2015.全球变暖背景下青藏高原气温变化的新特征[J].高原气象,34(4):1531-1539.

周顺武,假拉,1999.西藏高原雨季开始和中断的气候特征及其环流分析[J].气象,25(12):38-42.

周顺武,假拉,2003.印度季风的年际变化与高原夏季旱涝[J].高原气象,22(4):410-415.

周顺武,王传辉,杜军,等,2011.青藏高原汛期降水的时空分布特征[J].气候与环境研究,16(6):723-732.

周天军,宇如聪,李薇,等,2001.20世纪印度洋气候变率特征[J].气象学报,59(3):257-270.

周天军,俞永强,宇如聪,等,2004.印度洋对ENSO事件的响应:观测与模拟[J].大气科学,28(3):357-373.

朱乾根,盛春岩,陈敏,2000.青藏高原冬季OLR年际变化特征及其与我国夏季降水的联系[J].高原气象,19(1):75-83.

邹璐,肖国杰,黎跃浩,等,2017.云南西北地区近54年极端降水分析[J].中国农学通报,33(4):119-123.

邹珊珊,郭品文,杨慧娟,2013.东亚太平洋与欧亚遥相关型的相互配置及其气候影响[J].气象科学,33(1):10-18.

Ashfaq M, Shi Y, Tung W W, et al, 2009. Suppression of south Asian summer monsoon precipitation in the 21st century[J]. Geophysical Research Letters, 36(1): L01704.

Barnston A G, Livezey R E, 1987. Classification, seasonality and persistence of low-frequency atmospheric circulation patterns[J]. Monthly Weather Review, 115(6): 1083-1126.

Chen X, You Q, 2017. Effect of Indian ocean SST on the Tibetan Plateau precipitation in the early rainy season[J]. Journal of Climate,30(30):8973-8985.

Cherchi A,Gualdi S,Behera S,et al,2007. The influence of tropical Indian ocean SST on the Indian summer monsoon[J]. Journal of Climate,20(13):3083-3105.

Changnon S A, Pielke R A, Changnon D, et al, 2000. Human factors explain the increased losses from weather and climate extremes[J]. Bulletin of the American Meteorological Society, 81(3): 437-442.

Cui Y F,Duan A M,Liu Y M,2015. Interannual variability of the spring atmospheric heat source over the Tibetan Plateau forced by the north Atlantic SSTA[J]. Climate Dynamics,45(5-6):1617-1634.

Dai A G, 2013. The influence of the inter-decadal pacific oscillation on US precipitation during 1923—2010 [J]. Climate Dynamics,41:633-646.

Ding Q H, Wang B, 2005. Circumglobal teleconnection in the northern hemisphere summer[J]. Journal of Climate,18(17),3483-3506.

Enomoto T,Hoskins B J,Matsuda Y,2010. The formation mechanism of the Bonin high in August [J]. Quart J Roy Meteor Soc,129(587):157-178.

Gao Y H,Lan C,Zhang Y X,2014. Changes in moisture flux over the Tibetan Plateau during 1979—2011 and possible mechanisms[J]. Journal of Climate,27(5):1876-1893.

Hu J,Duan A, 2015. Relative contributions of the Tibetan Plateau thermal forcing and the Indian ocean sea surface temperature basin mode to the interannual variability of the east Asian summer monsoon[J]. Climate Dynamics,45(9-10):2697-2711.

Hong X W,Lu R Y,2016. The meridional displacement of the summer Asian jet,silk road pattern, and tropical SST anomalies[J]. Journal of Climate,29(10):3753-3766.

Huang R,Sun F,1992. Impacts of the tropical western pacific on the east Asian summer monsoon [J]. Journal of the Meteorological Society of Japan,70(1B):243-256.

Huang R H,Wu Y F,1989. The influence of ENSO on the summer climate change in China and its mechanism[J]. Advances in Atmospheric Sciences,6(1):21-32.

Krishnan R, Sugi M, 2001. Baiu rainfall variability and associated monsoon teleconnections[J]. Journal of the Meteorological Society of Japan Ser ii,79(3):851-860.

Lau K M,Yang G J,Shen S H,1988. Seasonal and intraseasonal climatology of summer monsoon rainfall over east Asia[J]. Monthly Weather Review,116(1):1837.

Liang X Z,Wang W C,2010. Associations between China monsoon rain-fall and tropospheric jets [J]. Quarterly Journal of the Royal Meteorological Society,124(552):2597-2623.

Lin Z D,Lu R Y,2005. Interannual meridional displacement of the east Asian upper-tropospheric jet stream in summer[J]. Advances in Atmospheric Sciences,22(2):199-211.

Lu R Y,OH J H,KIM B J,2002. A teleconnection pattern in upper-level meridional wind over the north African and Eurasian continent in summer[J]. Tellus A,54(1):44-55.

North G R,Bell T L,Cahalan R F,et al,1982. Sampling errors in the estimation of empirical orthogonal functions[J]. Monthly Weather Review,110(7):699-706.

Peterson T,Folland C,Gruza G,et al,2001. Report on the activities of the working group on climate change detection and related raporteurs[M]. Geneva: World Meteorological Organization.

Schiemann R,Lüthi D,Schär C,2008. Seasonality and interannual variability of the westerly jet in the Tibetan Plateau region[J]. Journal of Climate,22(11):2940-2957.

Stocker T F,Qin D H,Plattner G K,et al,2014. IPCC 2013: Summary for policy makers. In: Climate change: The physical science basis. Contribution of working group I to the fifth assessment report of the intergovernmental panel on climate change [M]. Cambridge and New York: Cambridge University Press.

Tao W,Huang G,Wu R,et al,2016. Asymmetry in summertime atmospheric circulation anomalies over the northwest pacific during decaying phase of El Niño and La Niña[J]. Climate Dynamics, 49(5-6):1-17.

Ting M F,Kushnir Y,Seager R,et al,2011. Robust features of Atlantic multi-decadal variability and its climate impacts[J]. Geophysical Research Letters,38(17):351-365.

Wu Z H,Huang N E,2009. Ensemble empirical mode decomposition:A noise-assisted data analysis method[J]. Advances in Adaptive Data Analysis,1(1):1-41.

Wu G X,Liu Y M,He B,et al,2012. Thermal controls on the Asian summer monsoon[J]. Scientific Reports,2:404.

Wu B,Zhou T,Li T,2009. Seasonally evolving dominant interannual variability modes of east Asian climate[J]. Journal of Climate,22(11):2992-3005.

Wu B,Li T,Zhou T J,2010. Relative contributions of the Indian ocean and local SST anomalies to the maintenance of the western north pacific anomalous anticyclone during the El Niño decaying summer[J]. Journal of Climate,23(11):2974-2986.

Wu Z W,Wang B,Li J P,et al,2009. An empirical seasonal prediction model of the east Asian su mmer monsoon using ENSO and NAO[J]. Journal of Geophysical Research Atmospheres, 114 (D18):120.

You Q,Min J,Zhang W,et al,2015. Comparison of multiple datasets with gridded precipitation observations over the Tibetan Plateau[J]. Climate Dynamics,45(3-4):791-806.

Zhang R H,Sumi A,Kimoto M,1996. Impact of El Nino on the east Asian monsoon:A diagnostic study of the '86/87' and '91/92' events[J]. Journal of the Meteorological Society of Japan,74 (1):49-62.

Zuo J Q,Li W J,Sun C H,et al,2013. Impact of the north Atlantic sea surface temperature tripole on the east Asian summer monsoon[J]. Advances in Atmospheric Sciences,30(4):1173-1186.